计算机网络实验指导书

主　编　杜红乐
副主编　张林　张燕　赵玉霞

天津大学出版社
TIANJIN UNIVERSITY PRESS

内容简介

本书是学习计算机网络课程的实验指导教材,依据计算机网络课程内容组织实验内容,覆盖了基础实验、路由交换、服务器配置、网络安全、简答无线等实验内容。所有实验均在 H3C 设备上完成,服务器实验在 Windows 2003 server 上完成,实验设计循序渐进、层次清楚,操作性较强,对实验环境要求不高。能配合理论教学,加深学生对理论知识的理解,培养学生运用知识解决问题的能力,提高学生动手实践能力。

本书实验包括理论知识、实验原理、具体实验,可以作为高等学校计算机科学与技术专业及相关专业计算机网络课程的实验教材,也可以作为网络培训人员的参考书。

图书在版编目(CIP)数据

计算机网络实验指导书／杜红乐主编. —天津:
天津大学出版社,2016.2(2021.8 重印)
ISBN 978-7-5618-5499-0

Ⅰ.①计… Ⅱ.①杜… Ⅲ.①计算机网络 – 实验 – 高
等学校 – 教学参考资料 Ⅳ.①TP393-33

中国版本图书馆 CIP 数据核字(2016)第 030906 号

出版发行	天津大学出版社
地 址	天津市卫津路 92 号天津大学内(邮编:300072)
电 话	发行部:022-27403647
网 址	publish. tju. edu. cn
印 刷	廊坊市海涛印刷有限公司
经 销	全国各地新华书店
开 本	185 mm×260 mm
印 张	13.75
字 数	343 千
版 次	2016 年 3 月第 1 版
印 次	2021 年 8 月第 2 次
定 价	24.90 元

目　　录

前　　言

　　计算机网络是计算机科学与技术、网络工程等相关专业非常重要的基础课程,具有很强的理论性和实践性,通过实践训练可以加深学生对计算机网络基本概念、基本理论、协议、算法的理解。目前,大部分计算机网络实验指导书是在 Cisco 设备上完成的,而基于 H3C 设备的计算机网络实验指导书较少,因此本实验指导书所有设备上的实验都是在 H3C 设备上完成的。

　　针对计算机网络的基本原理、基本应用的相关知识,作者精心设计了六部分实验:网络基础实验、网络设备基本操作、服务器配置、网络安全、简单无线网络和综合实验,每部分实验中包括若干个实验项目。实验过程强调"做什么、为什么、怎么做",每个实验项目大致分为案例描述、背景知识、实验过程、命令汇总、问题思考五小节,案例描述介绍该知识点解决什么样的问题,背景知识介绍解决该问题的技术的理论支撑,实验过程通过网络拓扑设计、网络规划、具体步骤等内容培养学生分析问题、解决问题的能力,提高学生的动手实践能力,命令汇总和问题思考旨在让学生进行总结、提高。综合实验主要是为学有余力的学生准备,是若干种技术的综合,需要学生具有一定的分析、网络规划等能力。附录给出了 H3C 模拟器 HCL 的使用方法及注意事项。

　　本书的内容组织上参考了国内外许多文献资料,精心挑选实验项目,实验所需设备主要是路由器、交换机、主机等,大部分学校的计算机网络实验室都可以完成所选实验。本书在写作中力求条理清楚、表达准确、语言简洁,作为计算机网络的辅助教材,希望对计算机网络的理论教学和实验教学有一定的帮助。

　　参加本书编写的有商洛学院杜红乐、张林、张燕、赵玉霞,同时感谢网络工程系老师提出的意见、建议,这些建议为本书的编写给予了很大的帮助。

　　由于编者学术水平有限、编写时间紧迫,在本书的实验项目选择、内容安排上如有不妥与错误之处,恳请专家和读者批评指正。

　　作者的电子邮件地址是 duhl55@163.com。

编者

2015 年 10 月

1　网络基础实验

1.1　网线制作

【案例描述】

　　小明和小强在同一个办公室,各有一台计算机,由于工作的需要,两人经常需要分享一些资料,由于没有联网,经常需要到对方的计算机上复制文件,并且由于办公室只有一台打印机,小明经常要到小强的计算机上去打印文件,非常不方便,小明向你求助,作为网络管理员你如何帮助他们排忧解难呢?

【知识背景】

1.1.1　双绞线概述

　　双绞线由两根具有绝缘保护层的铜导线组成,为降低信号间的干扰,两根导线按照一定的密度相互绞在一起,每根导线上辐射出来的电波会被另一根导线上辐射的电波抵消,有效降低信号间的干扰,因此称为"双绞线"。双绞线一个扭绞周期的长度,叫作节距,节距越小,扭线越密,抗干扰能力越强。双绞线电缆比较柔软,便于在墙角等不规则地方施工,但信号的衰减比较大,因此,双绞线的最大布线长度为 100 m。

　　双绞线是最常见的局域网连接介质,可按其是否外加金属网丝套的屏蔽层而分为屏蔽双绞线(Shielded Twisted Pair,STP)和非屏蔽双绞线(Unshielded Twisted Pair,UTP)。从性价比和可维护性出发,大多数局域网使用非屏蔽双绞线作为布线的传输介质来组网。

1.1.2　双绞线连接

　　双绞线采用的是 RJ – 45 连接器,俗称水晶头。RJ – 45 水晶头由金属片和塑料构成,特别需要注意的是引脚序号,当金属片面对我们的时候从左至右引脚序号为 1 ~ 8,在制作网线时要注意这个顺序,否则可能会导致网线不能用或者不通用。EIA/TIA 的布线标准中规定了 568A、568B 两种双绞线的线序,如表 1 – 1 所示。

表 1 - 1   568A 与 568B 线序对比

568A 标准	1	绿白	568B 标准	1	橙白
	2	绿		2	橙
	3	橙白		3	绿白
	4	蓝		4	蓝
	5	蓝白		5	蓝白
	6	橙		6	绿
	7	棕白		7	棕白
	8	棕		8	棕

为了具有较好的兼容性,普遍采用 EIA/TIA 568B 标准来制作网线。10 M 以太网的网线使用 5 类线,5 类线规定有 8 根(4 对)线,只用其中的 4 根,1、2、3 和 6 编号的芯线传递数据,即 1 和 2 用于发送,3 和 6 用于接收。而原来 3 和 6 不是一对,因此信号的干扰程度比较高,为了优化,将 4 和 6 互换使接收数据的线为一对,以降低信号的干扰程度。按颜色来说:橙白和橙两条用于发送;绿白和绿两条用于接收。

100 M 和 1 000 M 网卡需要使用 4 对线,即 8 根芯线全部用于数据传输。由于 10 M 网卡能够使用按 100 M 方式制作的网线;而且双绞线又提供有 4 对线,所以使用中不再区分,10 M 网卡一般也按 100 M 方式制作网线。

1.1.3 直通线与交叉线

依据连接的网络设备的不同,把网线分为直通线(平行线)和交叉线两种。直通线是按 568A 或 568B 标准制作网线,网线两端的线序相同。而交叉线的线序在直通线的基础上做了一点改变:就是在线缆的一端不变,另一端把 1 和 3 对调,2 和 6 对调。即直通线两端线序相同,而交叉线的一端与直通线线序相同,但在另一端把 1 和 3 对调,2 和 6 对调。

直通线的线序如图 1 - 1 所示。

```
          1    2    3    4    5    6    7    8
A 端:    橙白  橙  绿白  蓝  蓝白  绿  棕白  棕
B 端:    橙白  橙  绿白  蓝  蓝白  绿  棕白  棕
```

图 1 - 1   直通线示意

交叉线的线序如图 1 - 2 所示:一端不变,另一端对调两根。

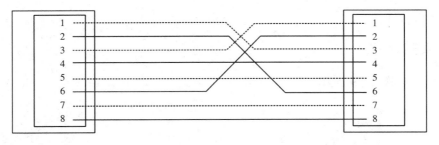

図 1 - 2 交叉线示意

在进行设备连接时,为什么会有交叉线和直通线呢? 我们先对比计算机网络接口和集线器接口,如图 1 - 3 所示,在数据传输中发送端与对方的接收端相连,接收端与对方的发送端相连,如果计算机与集线器相连时采用了交叉线,两端的发送与发送相连、接收与接收相连,则无法通信,因此采用直通线。如果两个相同设备进行连接时,两端的发送和接收在相同的位置,为了使得发送端与对方的接收端相连,显然要采用交叉线。然而现在的网络设备为了方便使用,减少出错,多采用自适应型的,即无论连接交叉线还是直通线,设备会自己进行调节进行通信,同时还可以进行速率的自适应。

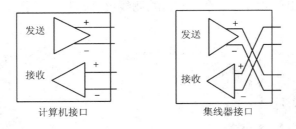

図 1 - 3 接口示意

1.1.4 两台计算机直接相连

网线做好后,通过自己做的网线把两台计算机直接相连,构成最简单的网络,虽然简单,但同样具有网络的功能:资源共享,例如文件共享、打印机共享等。并对每台计算机设置 IP 地址,然后测试两台计算机的连通性,最后进行文件共享。

【基本实验】

1.1.5 实验目的

理解直通线和交叉线的应用,掌握网线的制作方法,将两台计算机直接相连。

1.1.6　实验内容

（1）搭建实验环境；

（2）实现文件共享。

1.1.7　实验环境

实验环境如图1－4所示。

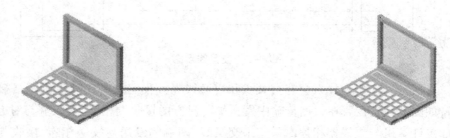

图1－4　两台计算机直连

1.1.8　实验步骤

步骤一：准备好实验所需器材

双绞线、水晶头（RJ－45）若干个、压线钳、测线仪，如图1－5、图1－6所示。

图1－5　测线仪

图1－6　压线钳

步骤二：制作网线

（1）剪下一段长度适中的电缆，用压线钳在电缆的一端剥去约3 cm的防护套，如图1－7所示。

（2）分离4对电缆，按照做双绞线的线序标准（568A、568B）排列整齐，并将线排列平整，保持电缆正确的线序和平整性，然后用压线钳上的剪刀将线头剪齐，如图1－8所示。

（3）将有序的线头顺着RJ－45头的插口轻轻插入，插到底，并确保保护套同时插入，让卡子朝下，如图1－9所示。

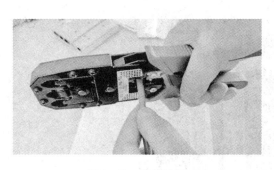

图 1 - 7   去防护层

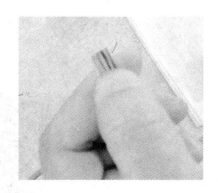

图 1 - 8   平整

(4)再将 RJ - 45 头塞到压线钳里,用力按下手柄,如图 1 - 10 所示。

图 1 - 9   插入水晶头

图 1 - 10   压紧

用同样的方法制作网线的另外一头,注意:如果两个接头的线序都按照 T568B 标准制作,则做好的线为直通线;如果一个接头的线序按照 T568B 标准制作,而另一个接头的线序做 1 和 3、2 和 6 交换,则做好的线为交叉线。

(5)用简单测线仪检查电缆的连通性,把网线两端连接到测线仪上,如图 1 - 11 所示。

通过观看测线仪的指示灯,来判定网线是否正确,若是直通线,即测线仪上的两排各 8 个灯从上往下按照序号依次亮过;若为交叉线,即灯亮的顺序为(1,3)(2,6)(3,1)(4,4)(5,5)(6,2)(7,7)(8,8),这样表示网线无误,否则说明没有做成功。

步骤三:连接两台计算机

(1)用做好的交叉线将两台计算机相连,并且对两台计算机分别设置 IP 地址,一台计算机的 IP 地址为 192.168.30.8(图 1 - 12),另外一台计算机的 IP 地址为 192.168.30.6。

(2)然后在一台计算机上测试与另外一台计算机的连通性,结果如图 1 - 13 所示,可以看到两台计算机已经连通。

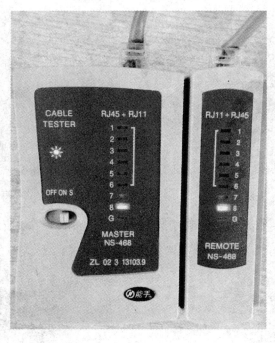

图 1 – 11　测试

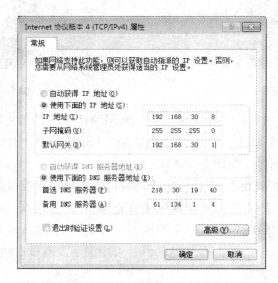

图 1 – 12　计算机 IP 地址设置

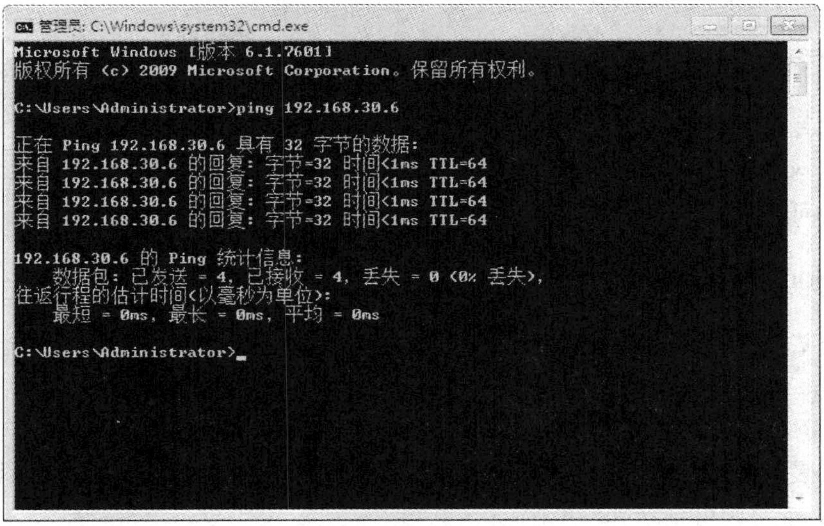

图 1 - 13　测试结果

【问题与思考】

(1)查阅相关资料,给出双绞线按类(3 类、4 类、5 类、超 5 类和 6 类等)划分的不同性能参数和用途。

(2)两台计算机连通后,如何在一台计算机查看另外一台计算机上的文件,即实现文件共享呢?

1.2　常用测试命令

【案例描述】

公司经过物理组网与 IP 组网、局域网的配置与管理等过程后,作为网络管理员的你已经顺利地完成公司内部组网,然而,在运行过程中,由于一些员工网络知识不足,经常出现不能正常上网的情况。

经常出现这种情况会严重影响员工对公司网络和你个人能力的满意度,同时也大大增加了网络维护和管理的工作量。为了确保员工能正常使用网络,作为网络管理员,需要用合理的技术方案解决这个问题。

【知识背景】

网络按照初始目标组建配置完成后,首要的任务是检查网络的连通性,网络的连通性是指一台主机或设备上的一个 IP 地址到另一台主机或设备上的一个 IP 地址的可达性。为了实现网络连通,网络设备之间需要运行各种协议及交互相关控制信息,为检查网络是否连通,需要对网络进行连通性测试。

1.2.1 使用 ping 测试网络连通性

ping 是基于 ICMP 开发的应用程序,它是在计算机的各种操作系统或网络设备上广泛使用的检测网络连通性的常用工具。通过使用 ping 命令,用户可以检查指定地址的计算机或设备是否可达,用来测试网络配置是否正确及网络故障发生的地方。

1.2.2 ping 工作原理

ping 是基于 ICMP 进行工作的,ICMP 定义了多种类型的协议报文,ping 主要使用了其中 Echo Request(回送请求)和 Echo Reply(回送应答)两种报文。源主机向目的主机发送 ICMP Echo Request 报文探测其可达性,收到此报文的目的主机则向源主机回应 ICMP Echo Reply 报文,表明自己可达。源主机收到目的主机回应 ICMP Echo Reply 报文后即可判断目的主机可达,反之则可判断其不可达。

ping 命令是测试网络连通性中最常用的命令,有较全面的功能,也提供了丰富的可选参数,ping 命令格式如下:

ping [ip] [– a source – ip| – c count | – f | – h ttl | – i interface – type interface – number| – m interval| – n | – p pad| – q | – r | – s packer – size| – t timeout| – tos tos | – v] * remote – system

为了满足不同的需求,需要返回不同的信息,使用不同的参数,下面对各个参数的功能进行详细的介绍。

(1) – a source – ip:指定 ICMP Echo Request 报文中的源 IP 地址,可以不是本机 IP 地址。

(2) – c count:指定发送报文的数目,取值范围为 1 ~ 4 294 967 295,默认值为 4,即默认发送 4 个 ICMP 数据包,如果想长时间发送数据包,可以指定该值。

(3) – f:将长度大于接口 MTU 的报文直接丢弃,即不允许对发送的 ICMP Echo Request 报文进行分片。

(4) – h ttl:指定 ICMP Echo Request 报文中的 TTL 值,取值范围为 1 ~ 255,默认值为 255。

(5) – i interface – type interface – number:指定发送报文的接口的类型和编号。

(6) – m interval:指定发送 ICMP Echo Request 报文的时间间隔,取值范围为 1 ~ 65535,单位为 ms,默认值为 200 ms。

(7) – n:不进行域名解析,默认情况下,系统将对 hostname 进行域名解析,例如 ping www. baidu. com 时,对域名解析为 IP 地址,如图 1 – 14 所示。

(8) – p pad:指定 ICMP Echo Request 报文 Data 字段的填充字节,格式为十六进制。

(9) – q:除统计数字外,不显示其他详细信息。默认情况下,系统将显示包括统计信息在内的全部信息。

(10) – r:记录路由,在默认情况下,系统不记录路由。

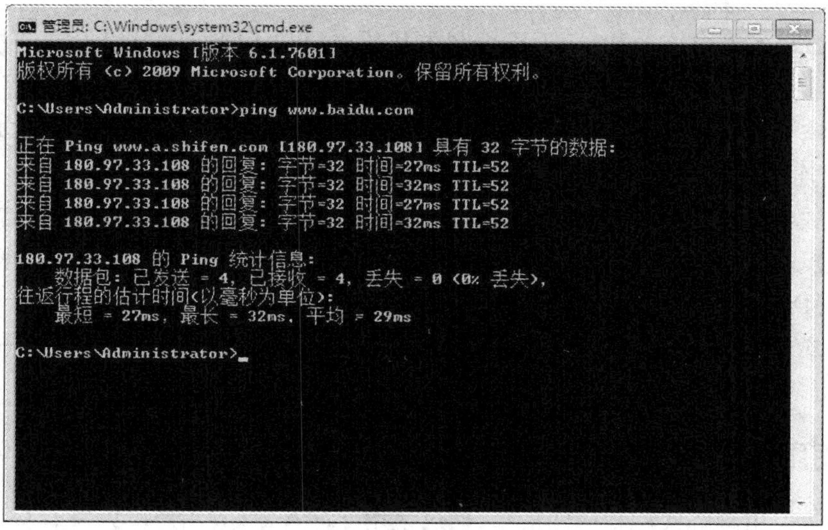

图 1-14 测试结果

（11）- s packer - size：指定发送 ICMP Echo Request 报文的长度，取值范围为 20 ~ 8100，单位为字节，默认值为 56 B。

（12）- t timeout：指定 ICMP Echo Request 报文的超时时间，取值范围为 1 ~ 65535，单位为 ms，默认值为 2000 ms。

（13）- tos tos：指定 ICMP Echo Request 报文中的 ToS（服务类型）域的值，取值范围为 0 ~ 255，默认值为 0。

（14）- v：显示接收到的非 ICMP Echo Reply 报文。在默认情况下，系统不显示非 ICMP Echo Reply 报文。

使用 ping 命令测试网络连通性，主要是依据返回信息判定网络情况，常见的返回信息有"Request Timed Out""Destination Host Unreachable""Bad IP address"等。

"Request Timed Out"这个信息表示在规定时间内没有收到目的主机的应答，这种情况一般是因对方主机关机、IP 地址错误、对方有防火墙过滤等所致，通常也可能因为所发送的数据包丢失。

"Destination Host Unreachable"这个信息表示目的主机不存在或到达目的网络没有路由。"Destination Host Unreachable"和"Time Out"的区别就是，如果所经过的路由器的路由表中具有到达目的网络的路由，但目的主机不可达，显示"Time Out"；如果路由表中没有到达目的网的路由，那么显示"Destination Host Unreachable"。

"Bad IP address"这个信息表示可能没有连接到 DNS 服务器所以无法解析这个 IP 地址，也可能是 IP 地址不存在。

如果网络出现故障，通常采用 ping 命令检查连通性，即可以查找故障发生在什么地方，使用 ping 检查故障一般可以分为以下几步。

（1）测试网卡驱动、配置、协议是否正确，可以使用 ping 回送地址，即 ping 127.0.0.1，可以查看本地主机配置是否有问题。

（2）测试局域网内连通性，ping 局域网内其他主机的 IP 地址，可以检查连接线是否有问题等。

（3）测试与网关的连通性，网关是通向外网的出口，如果需要网络的连通就必须保证与网关之间的连通。

（4）测试与本地 DNS 服务器的连通性，DNS 负责域名的解析，要浏览网页就必须保证与 DNS 的连通性。如果与网关连通性没问题，但仍然打不开网页，这时重点要测试与 DNS 的连通性及 DNS 的配置。

（5）测试与远程主机的连通性，这主要是检查本地网络与外部的连通是否正常，如果存在问题，多是本地路由器的配置问题。

1.2.3　使用 tracert 检测网络连通性

tracert 是路由跟踪实用程序的命令，通过使用 tracert 命令，用户可以查看报文从源设备传送到目的设备所经过的路由器。当网络出现故障时，用户可以使用该命令分析出现故障的网络节点。与 ping 命令相比，ping 只能测试网络连通性，如果想知道故障发生地，则需要由近到远逐个测试网络设备的连通性，在很多情况下不方便使用，而 tracert 则可以方便地查找故障发生的网络节点。下面对 tracert 命令格式及相关参数进行介绍。

tracert ［ － a source － ip｜ － f　first － ttl ｜ － m max － ttl ｜ － p port ｜ － q　packet － number ｜ － w timeout ］ ＊ remote － system

主要的参数和选项含义如下。

（1）－ a source － ip：指明 tracert 报文的源 IP 地址。

（2）－ f first － ttl：指定一个初始 TTL，即第一个报文所允许的跳数。取值范围为 1 ~ 255，且小于最大 TTL，默认值为 1。

（3）－ m max － ttl：指定一个最大 TTL，即一个报文所允许的最大跳数。取值范围为 1 ~ 255，且大于初始 TTL，默认值为 30。

（4）－ p port：指明目的设备的 UDP 端口号，取值范围为 1 ~ 65535，默认值为 33434。用户一般不需要更改此选项。

（5）－ q packet － number：指明每次发送的探测报文的个数，取值范围为 1 ~ 65535，默认值为 3。

（6）－ w timeout：指定等待探测报文响应的报文的超时时间，取值范围是 1 ~ 65535，单位是 ms，默认值为 5000 ms。

（7）remote － system：目的设备的 IP 地址或主机名（主机名是长度为 1 ~ 20 的字符串）。

返回的结果：

Reply from ×××.×××.×××.×××: bytes = 32 time = 39ms ttl = 51。

本地主机已收到回送信息，具体为 32 B，共用 39 ms，TTL 为 224。TTL（Time to Live）是存在时间值，可以通过 TTL 值推算一下数据包已经通过了多少个路由器：源地点 TTL 起始值（就是比返回 TTL 略大的一个 2 的乘方数，如 128、256 等）~ 返回时 TTL 值。

例如,返回 TTL 值为 119,那么可以推算数据包离开源地址的 TTL 起始值为 128,而源地点到目标地点要通过 9 个路由器网段(128～119),如果返回 TTL 值为 224,TTL 起始值就是 256,源地点到目标地点要通过 11 个路由器网段。

1.2.4 tracert 工作原理

通过向目标主机发送不同生存时间（TTL）的 ICMP Echo Request 报文,tracert 诊断程序确定到目标所采取的路由,要求路径上的每个路由器在转发数据包之前将数据包上的 TTL 值减 1,数据包上的 TTL 减为 0 时,路由器应该将"ICMP 已超时"的消息发回源系统。

tracert 先发送 TTL 为 1 的回应数据包,并在随后的每次发送过程中将 TTL 递增 1,直到目标响应或 TTL 达到最大值,从而确定路由。通过检查中间路由器发回的"ICMP 已超时"的消息确定路由。某些路由器不经询问直接丢弃 TTL 过期的数据包,这在 tracert 实用程序中看不到。

tracert 命令按顺序打印出返回"ICMP 已超时"消息的路径中的近端路由器接口列表。如果使用 – d 选项,则 tracert 实用程序不会在每个 IP 地址上查询 DNS。

在下例中,在本地主机上 tracert www. baidu. com 的结果如图 1 – 15 所示。

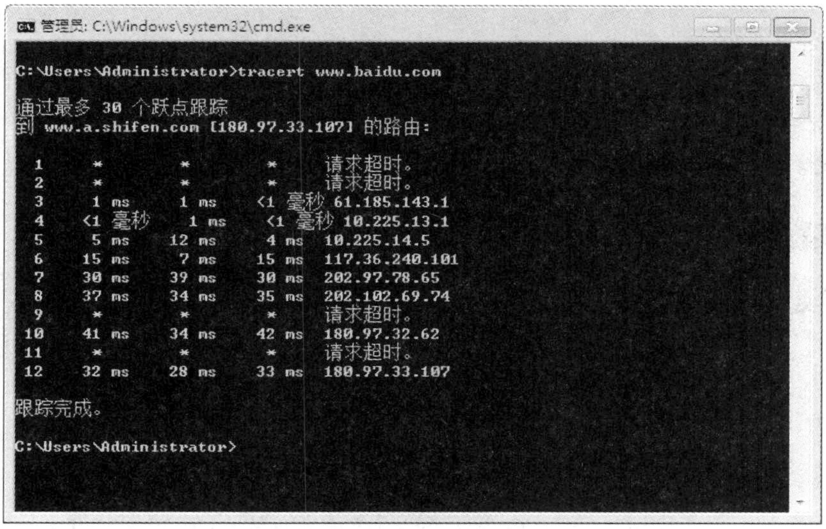

图 1 – 15　tracert 测试结果

结果显示了从本地到达 www. baidu. com 的每一跳的路由器地址。

1.2.5　系统调试

对于设备所支持的各种协议和特性,系统基本上都提供了相应的调试功能,帮助用户对错误进行诊断和定位。调试信息的输出可以由以下两个开关控制。

（1）协议调试开关:也称模块调试开关,控制是否输出某协议模块的调试信息,H3C 中采用 debugging 命令开启指定的协议模块调试功能,需要指定协议名称即指定协议模块,如

ICMP、ARP 等,例如 debugging IP packet。

（2）屏幕输出开关:控制是否在某个用户屏幕上显示调试信息,H3C 中采用 terminal debugging 命令开启协议调试开关。

用户只有将上述两个开关都打开,调试信息才会在终端显示出来。

terminal monitor 命令用于开启控制台对系统信息的监视功能。调试信息属于系统信息的一种,因此,这是一个更高一级的开关命令。只不过该命令在需要观察调试信息的时候是可选的,因为默认情况下,控制台的监视功能就处于开启状态。

另外,可以通过 display debugging 命令查看系统当前哪些协议调试信息开关是打开的。

【基本实验】

1.2.6　实验目的

（1）掌握网络连通性的检测方法。
（2）掌握使用 debug 等命令进行网络系统基本调试的方法。

1.2.7　实验内容

（1）搭建实验环境。
（2）检查连通性。
（3）检查数据包转发路径。
（4）练习使用察看调试信息。

1.2.8　实验环境

实验环境如图 1－6 所示。

图 1－16　网络设备基本调试实验组网

1.2.9　实验步骤

步骤一:规划网络、完成连接

依据组网图和功能分析,对 IP 地址规划如表 1－2 所示,并进行网络连线。

表 1－2　IP 地址列表

设备名称	接口	IP 地址	网关
RA	G0/0	192.168.0.1/24	—
	G0/1	192.168.1.1/24	—
PCA		192.168.0.2/24	192.168.0.1
PCB		192.168.1.2/24	192.168.1.1

步骤二：配置网络

对路由器 RA 的配置如下：

＜H3C＞system － view

［H3C］sysname RA

［RA］interface GigabitEthernet 0/0

［RA － GigabitEthernet0/0］ip address 192.168.0.1 24

［RA － GigabitEthernet0/0］quit

［RA］interface GigabitEthernet 0/1

［RA － GigabitEthernet0/1］ip address 192.168.1.1 24

对 PCA 和 PCB 指定 IP 地址及网关。

步骤三：测试连通性

通过超级终端登录到 RA 的命令行后，检测与 PCA 的连通性。

［RA］ping 192.168.0.2

ping 192.168.0.2（192.168.0.10）：56 data bytes，press escape sequence to break

56 bytes from 192.168.0.2：icmp _ seq ＝0 ttl ＝128 time ＝0.348 ms

56 bytes from 192.168.0.2：icmp _ seq ＝1 ttl ＝128 time ＝0.182 ms

56 bytes from 192.168.0.2：icmp _ seq ＝2 ttl ＝128 time ＝0.178 ms

56 bytes from 192.168.0.2：icmp _ seq ＝3 ttl ＝128 time ＝0.199 ms

56 bytes from 192.168.0.2：icmp _ seq ＝4 ttl ＝128 time ＝0.155 ms

－ － － ping statistics for 192.168.0.2 － － －

5 packet(s) transmitted，5 packet(s) received，0.0% packet loss

round － trip min/avg/max/std － dev ＝ 0.155/0.212/0.348/0.069 ms

［RA］% Dec　3 07：10：37：203 2008 RA PING/6/PING _ STATIS _ INFO：ping statistics for 192.168.0.10：5 packet(s) transmitted，5 packet(s) received，0.0% packet loss，round － trip min/avg/max/std － dev ＝ 0.155/0.212/0.348/0.069 ms.

数据包个数：系统默认设置发送 5 个数据包，每次 ping 时向服务器端发送 5 个数据包，共回收到 5 个，共丢失 0 个，占总发送量的 0%。

发送时间的概括：最快回收时间为 0.155 ms，最慢回收时间为 0.348 ms，平均时间为 0.212 ms，若最快时间接近平均时间，表明网络状况较好。

依据显示结果可以看到,RA 收到了 ICMP Echo Reply 报文,表明 RA 与 PCA 之间是连通的,同样测试 RA 与 PCB 之间的连通性。进入 PCB 命令行窗口,检测其与 RA 地址 192.168.1.1 的连通性。使用命令如下:

ping 192.168.1.1

步骤四:检查数据包转发路径

检查 PCA 与 PCB 的数据包转发路径,在 PCB 上使用 tracert 命令,tracert 192.168.0.2,显示结果如下:

[PCB]tracert 192.168.0.2

traceroute to 192.168.0.2, 30 hops at most, 40 bytes each packet, press CTRL _ C to break

1　 *　 *　 *

2　 192.168.0.2　 2.000 ms　 1.000 ms　 1.000 ms

步骤五:查看调试信息

在路由器 RA 上开启对信息的监视和显示功能,注意,是在系统视图下开启,具体命令过程如下所示。

<RA>terminal monitor

The current terminal is enabled to display logs.

<RA>terminal debugging

The current terminal is enabled to display debugging logs.

打开 RA 上 ICMP 的调试开关:

<RA>debugging ip packet

在 PCB 上 ping PCA,然后在 RA 上观察调试信息输出,显示结果如下。

<RA> *Sep　 3 22:08:39:422 2015 RA IPFW/7/IPFW _ PACKET:

Receiving, interface = GigabitEthernet0/1, version = 4, headlen = 20, tos = 0,

pktlen = 84, pktid = 50, offset = 0, ttl = 255, protocol = 1,

checksum = 14626, s = 192.168.1.2, d = 192.168.0.2

prompt: Receiving IP packet.

 *Sep　 3 22:08:39:422 2015 RA IPFW/7/IPFW _ PACKET:

Sending, interface = GigabitEthernet0/0, version = 4, headlen = 20, tos = 0,

pktlen = 84, pktid = 50, offset = 0, ttl = 254, protocol = 1,

checksum = 14882, s = 192.168.1.2, d = 192.168.0.2

prompt: Sending the packet from GigabitEthernet0/1 at GigabitEthernet0/0.

 *Sep　 3 22:08:39:423 2015 RA IPFW/7/IPFW _ PACKET:

Receiving, interface = GigabitEthernet0/0, version = 4, headlen = 20, tos = 0,

pktlen = 84, pktid = 637, offset = 0, ttl = 64, protocol = 1,

checksum = 62935, s = 192.168.0.2, d = 192.168.1.2

prompt: Receiving IP packet.

* Sep 3 22:08:39:423 2015 RA IPFW/7/IPFW _ PACKET:

Sending, interface = GigabitEthernet0/1, version = 4, headlen = 20, tos = 0,

pktlen = 84, pktid = 637, offset = 0, ttl = 63, protocol = 1,

checksum = 63191, s = 192.168.0.2, d = 192.168.1.2

prompt: Sending the packet from GigabitEthernet0/0 at GigabitEthernet0/1.

* Sep 3 22:08:53:975 2015 RA IPFW/7/IPFW _ PACKET:

Receiving, interface = GigabitEthernet0/0, version = 4, headlen = 20, tos = 0,

pktlen = 235, pktid = 642, offset = 0, ttl = 64, protocol = 17,

checksum = 62766, s = 192.168.0.2, d = 192.168.0.255

prompt: Receiving IP packet.

* Sep 3 22:08:53:975 2015 RA IPFW/7/IPFW _ PACKET:

Delivering, interface = GigabitEthernet0/0, version = 4, headlen = 20, tos = 0,

pktlen = 235, pktid = 642, offset = 0, ttl = 64, protocol = 17,

checksum = 62766, s = 192.168.0.2, d = 192.168.0.255

prompt: IP packet is delivering up.

由上面的结果可以看到,RA 上显示了经过的 IP 包的相关信息,如收到数据包的端口、版本类型、头长度、协议类型、源地址和目的地址等。也可以用上面的命令查看具体的一种数据包的情况,如使用 debugging ip icmp 查看 ICMP 数据包的信息,过程如下。

< RA > debugging ip icmp

然后在 PCB 上 ping 192.168.1.1 后,在 RA 上显示结果如下。

< RA > * Sep 3 22:16:29:962 2015 RA SOCKET/7/ICMP:

ICMP Input:

ICMP Packet: src = 192.168.1.2, dst = 192.168.1.1

　　　　　type = 8, code = 0 (echo)

* Sep 3 22:16:29:962 2015 RA SOCKET/7/ICMP:

ICMP Output:

ICMP Packet: src = 192.168.1.1, dst = 192.168.1.2

　　　　　type = 0, code = 0 (echo − reply)

* Sep 3 22:16:30:180 2015 RA SOCKET/7/ICMP:

ICMP Input:

ICMP Packet: src = 192.168.1.2, dst = 192.168.1.1

　　　　　type = 8, code = 0 (echo)

* Sep 3 22:16:30:180 2015 RA SOCKET/7/ICMP:

ICMP Output:

ICMP Packet: src = 192.168.1.1, dst = 192.168.1.2

　　　　　type = 0, code = 0 (echo − reply)

* Sep 3 22:16:30:398 2015 RA SOCKET/7/ICMP:

ICMP Input：

ICMP Packet：src ＝ 192.168.1.2, dst ＝ 192.168.1.1

type ＝ 8, code ＝ 0（echo）

＊Sep　3 22：16：30：398 2015 RA SOCKET/7/ICMP：

ICMP Output：

ICMP Packet：src ＝ 192.168.1.1, dst ＝ 192.168.1.2

type ＝ 0, code ＝ 0（echo – reply）

＊Sep　3 22：16：30：615 2015 RA SOCKET/7/ICMP：

ICMP Input：

ICMP Packet：src ＝ 192.168.1.2, dst ＝ 192.168.1.1

type ＝ 8, code ＝ 0（echo）

＊Sep　3 22：16：30：615 2015 RA SOCKET/7/ICMP：

ICMP Output：

ICMP Packet：src ＝ 192.168.1.1, dst ＝ 192.168.1.2

type ＝ 0, code ＝ 0（echo – reply）

＊Sep　3 22：16：30：834 2015 RA SOCKET/7/ICMP：

ICMP Input：

ICMP Packet：src ＝ 192.168.1.2, dst ＝ 192.168.1.1

type ＝ 8, code ＝ 0（echo）

＊Sep　3 22：16：30：834 2015 RA SOCKET/7/ICMP：

ICMP Output：

ICMP Packet：src ＝ 192.168.1.1, dst ＝ 192.168.1.2

type ＝ 0, code ＝ 0（echo – reply）

由上面的结果可以看到,每个数据包都包括 echo – quest 包和一个 echo – reply 包,即一个回送请求包和一个回送应答包。Debugging 命令查看的信息很多,查看其他信息的功能与此方法相似,大家自行练习即可。

调试完成后,在进行配置的过程中,你会发现屏幕上总是显示很多信息,影响你的配置,这时候你可以关闭调试功能,需要的时候再开启,关闭调试功能命令如下：

＜RA＞undo debugging all

然后在使用 ping 命令的时候你就会发现,RA 上不再显示任何信息,你也可以只关闭一种数据包的显示,例如：undo debugging ip icmp,这个时候就不再显示 ICMP 数据包,而其他数据包的信息仍然显示,请大家尝试。

1.2.10　实验中相关命令及功能介绍

实验中相关命令及功能介绍,如表 1 – 3 所示。

表 1 - 3 命令列表

命令	描述
ip address	配置 IP 地址
ip static - route	配置静态路由
ping	检测连通性
tracert	探测转发路径
terminal monitor	开启终端对系统信息的监视功能
terminal debugging	开启终端对调试信息的显示功能
debugging	打开系统指定模块调试开关

【问题与思考】

现在网络连接正常,网络上的 QQ 也能正常登录,但是打不开网页,你到哪里去查找问题呢? 估计会是什么问题呢?

1.3 构建对等网

【案例描述】

某办公室有多位工作人员,每人一台计算机,为了节约成本,只有一台打印机,也没有连外网,另外多位工作人员之间经常需要相互查看一些文件,每次查看都需要用 U 盘复制,还有打印文件都需要复制到其中的一台计算机上,影响工作。关于如何能够实现文件的共享及打印机的共享,工作人员向身为管理员的你寻求帮助,那么你将给出什么样的解决方案呢? 如何让文件、打印机共享呢?

【基本实验】

1.3.1 实验目的

(1) 掌握 Windows 网络的构建。
(2) 掌握文件共享。
(3) 设置打印机共享。

1.3.2 实验内容

(1) 搭建实验环境。
(2) 实现对等网络构建。

1.3.3　实验环境

实验环境如图 1 - 17 所示。

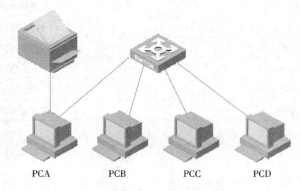

PCA　　　　　PCB　　　　　PCC　　　　　PCD

图 1 - 17　对等网实验组网图

1.3.4　实验步骤

步骤一：网络规划

对主机的 IP 地址设置，如表 1 - 4 所示，这里网关可以不要。

表 1 - 4　主机 IP 规划

设备名称	IP 地址	网关
PCA	192. 168. 30. 11/24	192. 168. 1. 1/24
PCB	192. 168. 30. 12/24	192. 168. 1. 1/24
PCC	192. 168. 30. 13/24	192. 168. 1. 1/24
PCD	192. 168. 30. 13/24	192. 168. 1. 1/24

步骤二：配置主机 IP 地址

（1）在桌面"网上邻居"图标上单击鼠标右键，在弹出的快捷菜单中选择"属性"。将打开一个窗口，在窗口里"本地连接"的图标上单击鼠标右键，选择"属性"（如果有多块网卡或虚拟网卡，就有多个"本地连接"，则应选择该主机接入网络的网卡对应的"本地连接"），会弹出"本地连接 属性"对话框，如图 1 - 18 所示。

（2）如图 1 - 18 所示，在"此连接使用下列项目"选项中如果有协议及服务没有安装，可以单击"安装"按钮，打开安装对话框，如图 1 - 19 所示，选择要安装的功能进行安装。现在安装系统，默认安装了相关的功能，如果没有安装，选择安装即可。

（3）选择"Internet 协议版本 4（TCP/IPv4）"，然后单击"属性"按钮，或者直接在"Internet 协议版本 4（TCP/IPv4）"上面双击鼠标左键，可以打开"Internet 协议版本 4（TCP/IPv4）属性"对话框，如图 1 - 20 所示。

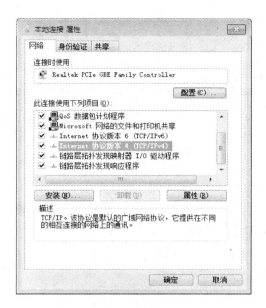

图 1 - 18 "本地连接 属性"对话框

图 1 - 19 安装协议及服务

(4)在图 1 - 20 中选择"使用下面的 IP 地址",然后在里面输入分配好的 IP 地址,如图 1 - 21 所示,然后单击"确定"按钮。

图 1 - 20 "Internet 协议版本 4（TCP/IPv4）属性"对话框

图 1 - 21 输入 IP 地址

步骤二：查看配置信息

"开始"→"运行"，在弹出的对框框中，输入"CMD"将进入 DOS 界面，之后输入"ipconfig"，然后按【Enter】键可以查看所有网卡及虚拟网卡的网络配置信息，如图 1 - 22 所示。ipconfig 是显示简要信息，如果要显示详细信息，可以输入"ipconfig/all"，如图 1 - 23 所示，可以查看网卡的物理地址、IP 地址、DHCP 服务器 IP 地址和 DNS 服务器 IP 地址等。

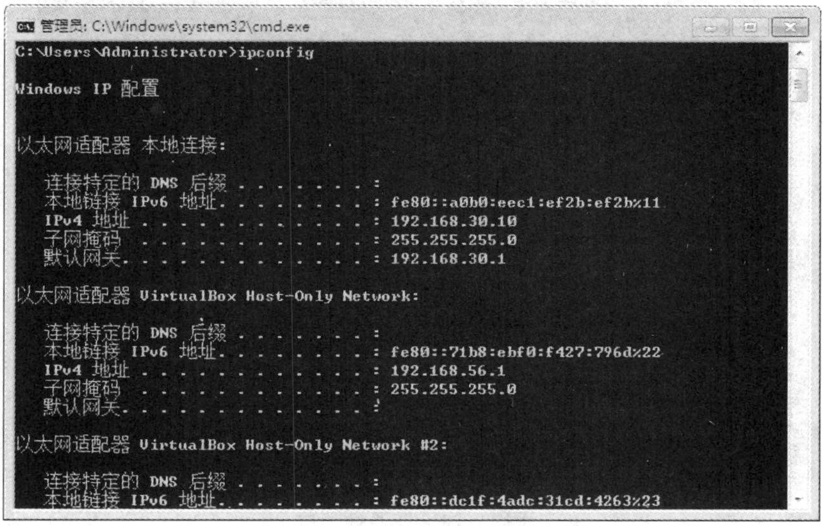

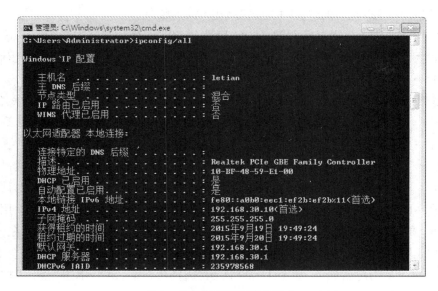

图 1-22 网络配置信息

图 1-23 网络配置详细信息

步骤三：测试连通性

查看网络配置信息无误后，测试主机之间的连通性，通过 ping 命令进行连通性测试，在 PCA 上测试与 PCB、PCC、PCD 之间的连通性，PCA 与 PCB 的测试结果如图 1-24 所示。保证所有主机之间都是连通的。

步骤四：创建共享资源

由于对于 Windows XP 及 Windows Server 2003 等系统下的文件共享介绍得比较多，因此这里以 Windows 7 为例介绍如何创建共享资源。

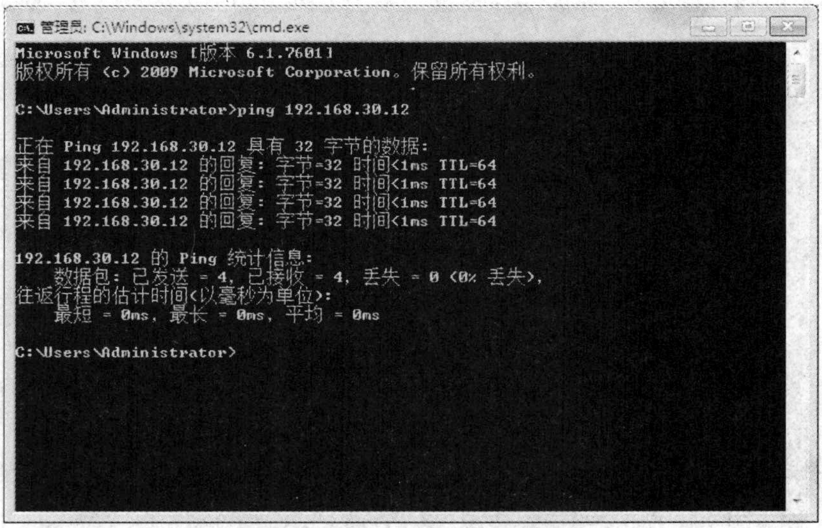

图 1 - 24　连通性测试

（1）开启 guest 账户："开始"→"控制面板"→"用户账户和家庭安全"→"添加或删除用户账户"→"Guest 账户"，单击"启用"按钮启用 Guest 账户。

（2）"网上邻居"上单击鼠标右键，选择"属性"打开"网络和共享中心"界面，选择"更改高级共享设置"选项，弹出"高级共享设置"对话框，在"公用"选项下选择"关闭密码保护共享"，然后单击"保存修改"按钮，如图 1 - 25 所示。

（3）选择需要共享的磁盘分区或者文件夹，单击鼠标右键选择"属性"，打开磁盘属性对话框，如图 1 - 26 所示，在默认情况下磁盘及文件夹是不共享的，单击"共享"标签下"高级共享"按钮，打开如图 1 - 27 所示的"高级共享"对话框。

（4）选择"共享此文件夹"，同时设置"共享名"及同时共享的用户数量限制，如果要设置哪些用户可以访问该文件夹及访问权限，则单击"权限"按钮，打开权限设置对话框，如图 1 - 28 所示，可以添加或删除访问的用户，例如默认用户为"Everyone"，可以删除用户，也可以添加用户，单击"添加"按钮打开"选择用户或组"对话框，单击"高级"按钮，在弹出的对话框中可以选择"对象类型"，可以选择用户组及用户。单击"立即查找"按钮，会显示查找到的所有用户组及用户名列表，如图 1 - 29 所示，选择用户名，然后单击"确定"按钮，这里依据账户名前面的图标能够区分其是用户还是用户组。

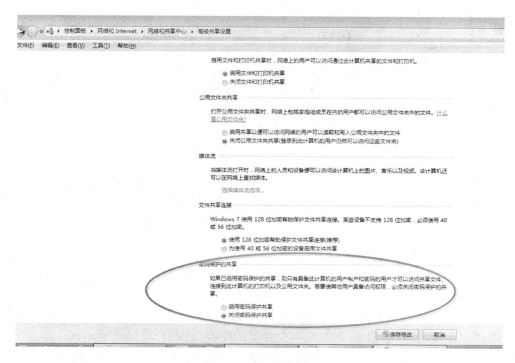

图 1 – 25　关闭密码保护共享

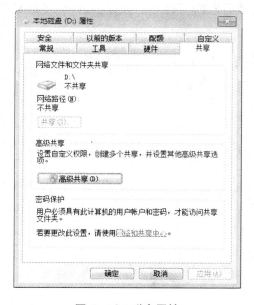

图 1 – 26　磁盘属性

图 1 – 27　设置共享

图1-28　权限设置　　　　　　　　　　　　　　图1-29　对象类型

（5）在图1-28中，还可以设置用户权限，"读取"权限最小；"更改"权限较大，能够修改文件；"完全控制"权限最高，包括删除文件等的所有操作。

（6）打开共享文件一般有两种方法，一种是在地址栏中输入"\\192.168.30.11"，其中IP地址为你要访问主机的IP地址，则可以打开该主机上的所有共享的文件，如图1-30所示。另一种是双击"网上邻居"打开相邻的主机，然后双击要打开的计算机名，也可以打开共享文件列表。

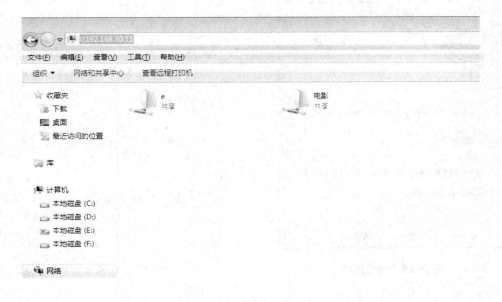

图1-30　共享文件列表

步骤五：设置共享打印机

在网络中，用户不仅可以共享各种软件资源，还可以设置共享硬件资源，例如设置共享打印机。要设置网络共享打印机,用户需要先将该打印机设置为共享,并在网络中其他计算机上安装该打印机的驱动程序。将打印机设置为共享,可执行下列操作。

(1)添加并设置打印机共享,依次打开"控制面板"→"硬件和声音"→"设备和打印机",如果此时未发现打印机,则需要添加打印机。单击"添加打印机",在弹出窗口中选择"添加本地打印机",单击"下一步",选择打印机端口,在此选择 USB 接口(依据打印机与主机连接端口确定,现在多为 USB 接口),然后单击"下一步",安装打印机驱动程序,如果所需驱动程序不在列表中,就需要选择"从磁盘安装",定位到驱动程序所在目录并安装相应的驱动,当驱动程序安装完毕后,打印测试页,如果打印机正常打印,说明打印机驱动安装成功。

(2)通过设置防火墙开启"文件和打印机共享",依次进入"控制面板"→"系统和安全"→"Windows 防火墙"→"允许程序或功能通过 Windows 防火墙",在弹出对话框的列表中勾选"文件和打印共享",并选择适用组,然后单击"确定"按钮。

(3)在要共享的打印机图标上单击右键,在弹出的菜单中选择"打印机属性"。在"属性"对话框中选择"共享"选项卡,选择"共享这台打印机",并填写打印机的名称等信息。

(4)查看打印机的共享是否成功,双击"网上邻居"打开相邻计算机,寻找自己主机名并双击打开,查看是否存在自己刚设置共享的打印机,如果存在,则说明共享打印机成功。

步骤六:访问共享打印机

在任意一台需要访问共享打印机的计算机上依次打开"控制面板"→"硬件和声音"→"设备和打印机",单击"添加打印机",在弹出的窗口中选择"添加网络、无线或 Bluetooth 打印机",然后单击"下一步",如果网络连接正常的话,会搜索到局域网中共享的打印机,选择对应主机上的打印机,单击"下一步",如果计算机与打印机相连计算机操作系统相同,则会提示安装打印机驱动程序,否则便需要下载并安装驱动程序。输入设置打印机的名称,单击"确定",最后打印测试页,以确保打印机正确安装。

这时你就可以通过网络打印了,在打印时必须保证本地计算机与打印机相连计算机之间是连通的,因此需要与打印机相连计算机处于开机状态才能进行打印。

2　网络设备基本操作

2.1　网络设备基本操作

【基本实验】

2.1.1　实验目的

(1)能够使用 Console 口登录设备。

(2)能够使用 Telnet 终端登录设备。

(3)分辨网络设备接口类型。

(4)掌握常用操作命令的使用。

2.1.2　实验环境

实验环境如图 2 – 1 所示。

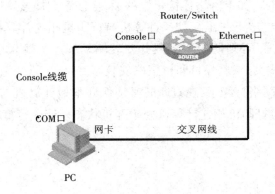

图 2 – 1　实验组网

2.1.3　实验步骤

本实验以一台 MSR 路由器作为演示设备,使用交换机亦可。

步骤一:通过 Console 登录

首先连接 PC 与路由器,将 PC(或终端)的串口通过标准 Console 电缆与路由器的 Console 口连接。电缆的 RJ – 45 头一端连接路由器的 Console 口,9 针 RS – 232 接口一端连接计算机的串行口。

然后,启动 PC,运行超级终端,在 PC 桌面上运行"开始"→"程序"→"附件"→"通信"→"超级终端",输入一个任意名称,单击"确定"按钮,如图2-2所示。

图2-2   连接名称

从"连接时使用"下拉列表框选择正确的 COM 口,本实验中 PC 连接 Console 线缆的接口是 COM1,所以选择"COM1"并单击"确定"按钮,如图2-3所示。

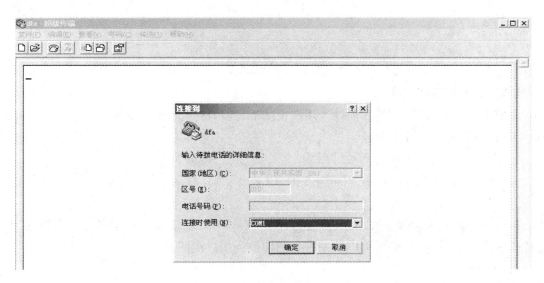

图2-3   选择接口

这时弹出"COM1 属性"界面,设置每项的参数值:每秒位数为9600 bps、数据位为8、停止位为1、无奇偶校验和无数据流控制,单击"确定"按钮,如图2-4所示。

图2-4 端口设置

接下来就会进入 Console 配置界面,按【Enter】键,如图2-5所示。

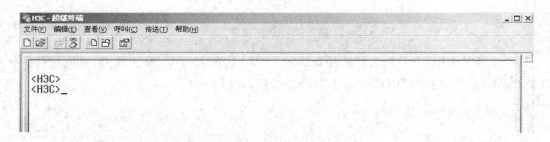

图2-5 登录成功

步骤二:使用系统操作

完成上面的配置后,配置界面处于用户视图下,提示符号为< ××× >,此时执行 system-view 命令进入系统视图。

< H3C > system - view

System View: return to User View with Ctrl + Z.

[H3C]

执行 system-view 命令后,提示符变为"[×××]"形式,表示用户已经处于系统视图。在系统视图下,执行 quit 命令可以从系统视图切换到用户视图。

[H3C] quit

< H3C >

H3C Comware 平台支持对命令行的输入帮助和智能补全功能。

(1)输入帮助特性:在输入命令时,如果忘记某一个命令的全称,可以在配置视图下仅输入该命令的前几个字符,然后键入【?】,系统则会自动列出以刚才输入的前几个字符开头的所有命令。当输入完一个命令关键字或参数时,也可以用【?】来查看紧随其后可用的关键字和参数。

在系统视图下输入 sys,再键入【?】,系统会列出以 sys 开头的所有命令:

[H3C]sys?

　　sysname

在系统视图下输入 sysname,键入空格和【?】,系统会列出 sysname 命令后可以输入的命令关键字和参数。

[H3C]sysname ?

　　TEXT　Host name(1 to 30 characters)

(2)智能补全功能:在输入命令时,不需要输入一条命令的全部字符,仅输入前几个字符,再键入【Tab】,系统会自动补全该命令。如果有多个命令都具有相同的前缀字符的时候,连续键入【Tab】,系统会在这几个命令之间切换。

在系统视图下输入 sys:

[H3C]sys

键入【Tab】,系统自动补全该命令:

[H3C]sysname

在系统视图下输入 in:

[H3C]in

键入【Tab】,系统自动补全以 in 开头的命令。

[H3C]info – center

再键入【Tab】,系统在以 in 为前缀的命令中切换。

[H3C]interface

引导学生使用输入帮助功能和智能补全功能,H3C Comware 包括一个庞大配置命令集,记住所有的命令是较困难的,能够合理利用上面功能,无论是对于初学者还是有经验的网络工程师来说都将是事半功倍的。

为了方便网络工程师对网络设备的操作、管理、维护,会给每个设备一个标识符,即设备名称,默认的设备名称是 H3C,用户在系统视图下可以更改设备的系统名称,命令为 sys-name。

[H3C]sysname YourName

[YourName]

可以看到,此时显示的系统名已经由初始的 H3C 变为 YourName。另外,也可以更改系统时间,首先查看当前系统时间,在用户视图和系统视图下均可查看,命令为 display clock。

[YourName]display clock

17:28:07 UTC Mon 09/08/2008

更改系统时间需要在用户视图下,因此,使用 quit 命令退出系统视图,返回用户视图,然后可以修改系统时间,命令为 clock datetime,后面为自己设定的系统时间,格式为:(hh:mm:ss 月/日/年),例如:10:10:10 10/01/2015

[YourName]quit

<YourName>clock datetime 10:10:10 10/01/2015

然后再次使用查看当前系统时间命令,结果如下:

<YourName > display clock

10:10:12 UTC Wed 10/01/2015

可见系统时间已经改变。

由于系统有自动识别功能,所以在输入命令行时,为方便操作,有时仅输入前面几个字符即可,前提是这个几个字符在对应视图下唯一表示一条命令,例如命令 dis clo,在用户视图下,它就唯一表示 display clock,即第一个单词以 dis 开头,第二个单词以 clo 开头的命令是唯一的,如果命令为 dis c,则会提示% Ambiguous command found at '^' position,意思是命令不具体。使用 dis clo 命令后的结果如下:

<YourName > dis clo

10:27:03 UTC Wed 10/01/2008

在系统的配置过程中,经常需要查看设备中已经配置了哪些功能、缺少哪些功能、哪些配置有问题等信息,可以使用显示系统运行配置。命令为 display current - configuration,功能是显示系统当前运行的配置,由于使用的设备及模块不同,操作时显示的具体内容也会有所不同。在如下配置信息中,请注意查看刚刚配置的 sysname YourName 命令。

<RA > display current - configuration

\#

    version 7. 1. 059, Alpha 7159

\#

    sysname RA

\#

rip 1

    network 59. 75. 16. 0 0. 0. 0. 255

    network 192. 168. 1. 0

system - working - mode standard

    xbar load - single

    password - recovery enable

    lpu - type f - series

\#

vlan 1

\#

interface Serial1/0

\#

interface Serial2/0

\#

interface GigabitEthernet0/0

    port link - mode route

```
    combo enable copper
    ip address 192. 168. 1. 1 255. 255. 255. 0
#
interface GigabitEthernet0/1
    port link − mode route
    combo enable copper
    ip address 59. 75. 16. 1 255. 255. 255. 0
    nat outbound 2000 address − group 1 no − pat
#
interface GigabitEthernet0/2
    port link − mode route
    combo enable copper
#
        —— More——
```

使用空格键可以继续翻页显示,使用【Enter】键进行翻行显示,使用【Ctrl + C】组合键结束显示,这里使用空格键继续显示配置。

```
#
line class aux
    user − role network − admin
#
line class tty
    user − role network − operator
#
line class vty
    user − role network − operator
#
line aux 0
    user − role network − admin
#
line vty 0 63
    user − role network − operator ·
#
acl basic 2000
    rule 1 permit source 192. 168. 1. 0 0. 0. 0. 255
#
domain system
#
```

```
    domain default enable system
#
role name level - 0
    description Predefined level - 0 role
#
role name level - 1
    description Predefined level - 1 role
#
role name level - 2
    description Predefined level - 2 role
#
role name level - 3
    description Predefined level - 3 role
#
role name level - 4
    description Predefined level - 4 role
#
role name level - 5
    description Predefined level - 5 role
#
role name level - 6
    description Predefined level - 6 role
#
role name level - 7
    description Predefined level - 7 role
#
role name level - 8
    description Predefined level - 8 role
#
role name level - 9
    description Predefined level - 9 role
#
role name level - 10
    description Predefined level - 10 role
#
role name level - 11
    description Predefined level - 11 role
```

```
#
role name level − 12
    description Predefined level − 12 role
#
role name level − 13
    description Predefined level − 13 role
#
role name level − 14
    description Predefined level − 14 role
#
user − group system
#
nat address − group 1
    address 59. 75. 16. 11 59. 75. 16. 60
#
Return
< YourName >
```

可以看到 sysname YourName 已经显示在系统当前配置中了。从当前配置中可以看出该路由器拥有 4 个物理接口,分别是 interface Serial1/0、Serial2/0、interface GigabitEthernet0/0 和 interface GigabitEthernet0/1,具体的实际接口数目和类型与当前设备的型号和所插板卡有关。剩下其他的配置为设备配置了 NAT 转换。

显示保存的配置,使用 display saved − configuration 命令显示当前系统的保存配置。

```
< YourName > display saved − configuration
The config file does not exist !
```

结果显示配置文件不存在,这是因为 CF 卡上没有保存配置文件,但是为什么显示运行配置(current − configuration)时有配置信息呢? 这是因为运行配置保存在临时存储器中,而不是固定的存储介质中,所以设备重启后运行配置将全部丢失,因此,需要将正确的运行配置及时保存。而保存配置(saved − configuration)存储在 CF 卡(或 Flash、硬盘等固定存储介质)上,没有进行保存操作,即在 CF 卡上并没有保存配置文件。这就是运行配置和保存配置的不同之处。

在配置过程中及配置完成后用保存命令保存已完成的配置,命令为 save,过程如下:

```
< YourName > save
The current configuration will be written to the device. Are you sure? [ Y/N ]:
```

选择 Y,确定将当前运行配置写进设备存储介质中。

```
Please input the file name( ∗ . cfg)[ cf:/ startup. cfg]
( To leave the existing filename unchanged, press the enter key):
```

系统提示"请输入保存配置文件的文件名",注意文件名的格式为 ∗ . cfg,系统默认将配

置文件保存在 CF 卡中,默认保存文件名为 startup. cfg,如果不更改系统默认保存的文件名,
请按【Enter】键,键入回车后显示信息如下:

Validating file. Please wait. . .

Now saving current configuration to the device.

Saving configuration cf:/startup. cfg. Please wait. . .

Configuration is saved to cf successfully. . .

上面是第一次保存配置文件的过程,以后再次保存配置文件时,提示信息稍微有些不
同,提示信息如下:

< YourName > save

The current configuration will be written to the device. Are you sure?［Y/N］:y

Please input the file name(＊. cfg)［cf:/ startup. cfg］

(To leave the existing filename unchanged, press the enter key):

cf:/ startup. cfg exists, overwrite?［Y/N］:y

Validating file. Please wait. . .

Now saving current configuration to the device.

Saving configuration cf:/startup. cfg. Please wait. . .

Configuration is saved to cf successfully.

键入【Enter】键后,系统会提示是否覆盖以前的配置文件。

选择系统默认文件名 startup. cfg 时,因为 CF 卡上已经存在这个文件,则会提示是否
覆盖。

在完成上面保存文件后,使用查看保存配置信息,结果显示如下:

< RA > display current – configuration

#

    version 7. 1. 059, Alpha 7159

#

    sysname RA

#

rip 1

    network 59. 75. 16. 0 0. 0. 0. 255

    network 192. 168. 1. 0

system – working – mode standard

    xbar load – single

    password – recovery enable

    lpu – type f – series

#

vlan 1

```
#
interface Serial1/0
#
interface Serial2/0
#
interface GigabitEthernet0/0
   port link - mode route
   combo enable copper
   ip address 192. 168. 1. 1 255. 255. 255. 0
#
interface GigabitEthernet0/1
   port link - mode route
   combo enable copper
   ip address 59. 75. 16. 1 255. 255. 255. 0
   nat outbound 2000 address - group 1 no - pat
#
interface GigabitEthernet0/2
   port link - mode route
   combo enable copper
#
```

—— More——

由于执行了 save 命令,保存配置与运行配置一致。

为了方便学生做实验,经常需要把设备的配置恢复到初始状态,即删除或者清空设备上的配置,当需要删除某条命令时,可以在相应的视图下使用 undo 命令进行逐条删除。例如删除 sysname 命令后,设备名称恢复成 H3C。

[YourName]undo sysname YourName

[H3C]

注意:删除命令与配置命令相同,必须在相应的视图下执行命令才能删除对应的配置,否则会提示错误。例如在用户视图下执行 undo sysname YourName 命令时,显示结果如下:

<YourName>undo sysname YourName

                     ^

% Unrecognized command found at '^' position.

<YourName>

但是如果配置命令较多时,使用 undo 命令进行删除配置,速度会很慢,因此可以使用恢复出厂配置,一次性删除所有配置,在用户视图下执行 reset saved - configuration 命令用于清空保存配置(只是清除保存配置,当前配置还是存在的),再执行 reboot 重启整机后,配置恢复到出厂默认配置。

[YourName]quit

<YourName> reset saved – configuration

The saved configuration file will be erased. Are you sure? [Y/N]:y

Configuration file in cf is being cleared.

Please wait ...

......

Configuration file in cf is cleared.

<YourName> reboot

Start to check configuration with next startup configuration file，please wait

......

This command will reboot the device. Current configuration may be lost in next startup if you continue. Continue? [Y/N]:y

步骤三:查看文件操作

首先使用 pwd 命令显示当前路径。

<YourName> pwd

flash:

<YourName>

可见当前路径是 flash:/。因为 flash 卡下保存有其他的文件夹目录,而且有的路由器拥有多个硬盘和 Flash 卡,所以使用 pwd 命令可以清楚地让你知道当前所在的路径。

然后,使用 dir 命令显示当前路径上所有文件列表,显示结果如下:

<YourName> dir

Directory of cf:/

```
0    drw –              –    Jan 19 2007 18:26:34    logfile
1    – rw –    16337860    Aug 03 2007 17:59:36    msr30 – cmw520 – r1618P13 – si.
bin
2    – rw –         739    Oct 01 2008 10:15:54    startup. cfg
```

249852 KB total (221648 KB free)

File system type of cf:FAT32

dir 命令显示出的第一列为编号;第二列为属性,drw – 为目录, – rw – 为可读写文件;第三列为文件大小,可看出 logfile 实际是一个目录。

除了查看文件外,经常需要查看文件内容,使用 more 命令显示文本文件内容,显示结果如下:

<YourName> more startup. cfg

\#

version 7. 1. 059，Alpha 7159

\#

sysname RA

```
#
rip 1
    network 59. 75. 16. 0 0. 0. 0. 255
    network 192. 168. 1. 0
system − working − mode standard
    xbar load − single
    password − recovery enable
    lpu − type f − series
#
vlan 1
#
interface Serial1/0
#
interface Serial2/0
#
interface GigabitEthernet0/0
    port link − mode route
    combo enable copper
    ip address 192. 168. 1. 1 255. 255. 255. 0
#
interface GigabitEthernet0/1
    port link − mode route
    combo enable copper
    ip address 59. 75. 16. 1 255. 255. 255. 0
    nat outbound 2000 address − group 1 no − pat
#
interface GigabitEthernet0/2
    port link − mode route
    combo enable copper
#
　　—— More——
```

如果需要查看其他路径下的文件及文件内容,可以通过改变工作路径,切换到其他目录下,使用 cd 命令可以改变当前的工作路径,例如进入 logfile 子目录,如下所示:

```
< YourName > cd logfile
< YourName > dir
Directory of cf:/logfile/
    0    − rw −    242259   Oct 01 2008 10:32:20   logfile. log
```

249852 KB total（221648 KB free）

File system type of cf：FAT32

退出当前目录,返回上层目录使用 cd..,结果如下所示:

< YourName > cd ..

< YourName > pwd

cf：

< YourName >

固定存储器上可以存储多个文件,如果文件不再使用,则可以使用 delete 命令删除文件。用 save 命令保存一个配置文件并命名为 20080909.cfg,再使用 delete 命令删除该配置文件,过程如下:

< YourName > save 20080909.cfg

The current configuration will be saved to cf：/20080909.cfg. Continue?［Y/N］:y

Now saving current configuration to the device.

Saving configuration cf：/20080909.cfg. Please wait...

Configuration is saved to cf successfully.

< YourName > dir

Directory of cf：/

    0   −rw−   12252308   Jan 13 2007 18：24：42   main.bin

    1   drw−   −   Jan 14 2007 06：11：32   logfile

    2   −rw−   16337860   Aug 06 2007 16：50：22   msr30−cmw520−r1618P13−si.
bin

    3   −rw−   739   Oct 02 2008 02：43：58   startup.cfg

    4   −rw−   739   Oct 02 2008 07：03：22   20080909.cfg

249852 KB total（220336 KB free）

File system type of cf：FAT32

< YourName > delete 20080909.cfg

Delete cf：/20080909.cfg?［Y/N］:

% Delete file cf：/20080909.cfg...Done.

删除 20080909.cfg 配置文件后,再次查看文件列表,确认该文件已经删除。

< YourName > dir

Directory of cf：/

    0   −rw−   12252308   Jan 13 2007 18：24：42   main.bin

    1   drw−   −   Jan 14 2007 06：11：32   logfile

    2   −rw−   16337860   Aug 06 2007 16：50：22   msr30−cmw520−r1618P13−si.
bin

    3   −rw−   739   Oct 02 2008 02：43：58   startup.cfg

249852 KB total（220336 KB free）

File system type of cf：FAT32

　　使用 delete 命令删除文件时,被删除的文件保存在回收站中,仍会占用存储空间。如果用户经常使用该命令删除文件,则可能导致设备的存储空间不足。如果要彻底删除回收站中的某个废弃文件,必须在文件的原归属目录下执行 reset recycle - bin 命令,才可以将回收站中的废弃文件彻底删除,以回收存储空间。

　　使用 dir /all 命令显示当前目录下所有的文件及子文件夹信息,显示内容包括隐藏文件、隐藏子文件夹以及回收站中的原属于该目录下的文件的信息,回收站里的文件会以方括号"［ ］"标出。

　　< YourName > dir /all

　　Directory of cf：/

```
     0     - rw -    12252308   Jan 13 2007 18:24:42     main. bin
     1     drw -         -      Jan 14 2007 06:11:32     logfile
     2     - rwh          4     Oct 01 2008 10:24:04     snmpboots
     3     - rwh        336     Oct 02 2008 07:03:18     private - data. txt
     4     - rwh        716     Apr 08 2009 05:44:10     hostkey
     5     - rw -    16337860   Aug 06 2007 16:50:22     msr30 - cmw520 - r1618P13 - si.
bin
     6     - rwh        572     Apr 08 2009 05:44:10     serverkey
     7     - rw -        739    Oct 02 2008 02:43:58     startup. cfg
     8     - rw -        739    Oct 02 2008 07:03:22     ［20080909. cfg］
```

249852 KB total (220336 KB free)

File system type of cf：FAT32

　　可见文件 20080909. cfg 仍然存储于 CF 卡中,使用 reset recycle - bin 命令清空回收站收回存储空间。

　　< YourName > reset recycle - bin

　　Clear cf：/ ~ /20080909. cfg ? ［Y/N］:y

　　% Cleared file cf：/ ~ /20080909. cfg.

　　< YourName > dir /all

　　Directory of cf：/

```
     0     - rw -    12252308   Jan 13 2007 18:24:42     main. bin
     1     drw -         -      Jan 14 2007 06:11:32     logfile
     2     - rwh          4     Oct 01 2008 10:24:04     snmpboots
     3     - rwh        336     Oct 02 2008 07:03:18     private - data. txt
     4     - rwh        716     Apr 08 2009 05:44:10     hostkey
     5     - rw -    16337860   Aug 06 2007 16:50:22     msr30 - cmw520 - r1618P13 - si.
bin
     6     - rwh        572     Apr 08 2009 05:44:10     serverkey
```

　　7　　– rw –　　　　739　　Oct 02 2008 02:43:58　　startup. cfg

249852 KB total（220340 KB free）

File system type of cf：FAT32

　　还有另一种方法可以直接删除文件，而不需要经过清空回收站。使用 delete /unre-served 命令删除某个文件，则该文件将被彻底删除，不能再恢复。其效果等同于执行 delete 命令之后，再在同一个目录下执行了 reset recycle – bin 命令。

　　< YourName > delete /unreserved 20080909. cfg

The contents cannot be restored！！！ Delete cf：/20080909. cfg? ［Y/N］:y

% Delete file cf：/20080909. cfg...Done.

　　< YourName > dir /all

Directory of cf：/

　　0　　– rw –　　12252308　　Jan 13 2007 18:24:42　　main. bin

　　1　　drw –　　　　　–　　Jan 14 2007 06:11:32　　logfile

　　2　　– rwh　　　　　4　　Oct 01 2008 10:24:04　　snmpboots

　　3　　– rwh　　　336　　Oct 02 2008 08:54:34　　private – data. txt

　　4　　– rwh　　　716　　Apr 08 2009 05:44:10　　hostkey

　　5　　– rw –　　16337860　　Aug 06 2007 16:50:22　　msr30 – cmw520 – r1618P13 – si.

bin

　　6　　– rwh　　　572　　Apr 08 2009 05:44:10　　serverkey

　　7　　– rw –　　　　739　　Oct 02 2008 02:43:58　　startup. cfg

249852 KB total（220340 KB free）

File system type of cf：FAT32

2.1.4　实验中相关命令及功能介绍

　　实验中相关命令及功能介绍如表 2 – 1 所示。

表 2 – 1　命令列表

命令	描述
system – view	进入系统视图
sysname	更改设备名
quit	退出
clock	更改时钟配置
display current – configuration	显示当前配置
display saved – configuration	显示保存配置
reset saved – configuration	清空保存配置
pwd	显示当前目录
dir	列目录

续表

命令	描述
more	显示文本文件
cd	更改当前目录
delete	删除文件
reset recycle – bin	清空回收站
local – user	配置本地用户
super password level	配置 Super 口令
header login	配置 Login 欢迎信息
user – interface vty	进入用户接口
authentication – mode	设置认证模式
telnet server enable	启动 Telnet
save	保存配置
reboot	重启系统
ftp server enable	启动 FTP Server
tftp get	使用 TFTP
tftp put	使用 TFTP

【问题与思考】

查看各种视图下命令集的区别。

2.2　Telnet 配置

【案例描述】

某校的校园网中,网络覆盖了所有的办公楼、教学楼以及宿舍楼。假如,网络管理员在2 号楼的主控制室工作,而1 号楼某一台网络设备需要修改一些配置,或者出现了故障,需要排除设备故障,那么2 号楼的网络管理员在主控制室如何解决这些问题呢?

【知识背景】

2.2.1　Telnet 概述

Telnet 是用于计算机或终端之间的远程连接,并进行数据交互的协议,它基于 C/S(Client/Server,客户机/服务器)模式,将本地计算机看作客户机,将远程计算机看作服务器,允许授权用户在本地计算机与远程计算机之间建立连接,成为远程计算机的一个终端,并能够登录到远程计算机上进行相应的操作。

基于这种思想,网络设备往往都集成了 Telnet 服务,为用户提供远程登录服务,方便用户对网络设备的管理维护。使用 Telnet 登录进入远程计算机系统时,需要启动两个程序:

(1)Telnet 客户程序,运行在本地计算机上。

(2)Telnet 服务器程序,运行在要登录的远程计算机上。

通过 Telnet 连接网络设备的连接过程如图 2－6 所示,用户在一台作为 Telnet 客户端的计算机上通过 TCP/IP 直接对网络设备发起 Telnet 登录,登录成功后即可对设备进行权限内的操作配置。

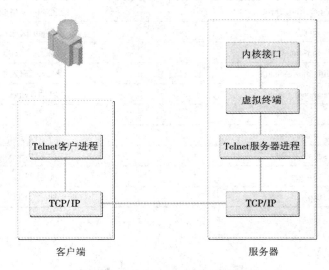

图 2－6   Telnet 的客户/服务器模式

通过 Telnet 登录远程网络设备时,本地计算机与远程网络设备之间必须是网络连通的,即数据包能正常传输,因此,本地计算机及远程网络设备必须配置了 IP 地址,保证网络之间具备正确的路由。另外,出于安全性考虑,必须对网络设备配置一定的 Telnet 验证信息,例如用户名、口令和权限等。

2.2.2   Telnet 工作原理

远程登录是指用户使用 Telnet 命令,登录到远程计算机并成为远程计算机的一个终端的过程,终端能够把本地用户输入的命令通过网络传递给远程计算机,再将远程计算机的输出信息回显在终端屏幕上。

通过 Telnet 进行远程登录可以分为以下 4 个步骤。

(1)本地与远程计算机建立连接。该过程实际上是建立一个 TCP 连接,用户必须知道远程计算机的 IP 地址或域名。

(2)在本地终端上输入用户名和口令,登录成功以后用户在本地计算机上输入的命令、字符都以 NVT(Net Virtual Terminal)格式传送到远程计算机,该过程实际上是从本地计算机向远程计算机发送 IP 数据包。

(3)将远程主机输出 NVT 格式的数据转化为本地所接受的格式送回本地终端,包括输入命令回显及命令执行结果。

(4)最后,本地终端对远程主机进行撤销连接,该过程是撤销一个 TCP 连接。

【基本实验】

2.2.3　实验目的

(1)了解 Telnet 远程登录的功能。

(2)掌握用路由器设备作为 Telnet 的常用配置命令。

(3)掌握设备常用命令及操作方法。

2.2.4　实验内容

(1)搭建实验环境。

(2)实现 Telnet 的配置。

2.2.5　实验环境

实验环境如图 2-7 所示。

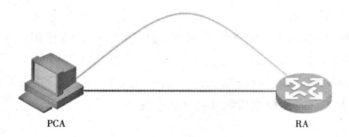

PCA　　　　　　　　　　　　　　RA

图 2 - 7　Telnet 实验组网图

2.2.6　实验步骤

步骤一:网络规划

对主机及路由器接口的 IP 地址设置如表 2-2 所示。

表 2 - 2　网络规划

设备名称	接口	IP 地址	网关
RA	G0/0	192. 168. 1. 1/24	
PCA		192. 168. 1. 2/24	192. 168. 1. 1/24

依据上面的规划进行连线,用网线连接计算机的网卡接口和路由器的 G0/0 接口,通过配置线连接路由器的 Console 接口。

步骤二:检查设备的软件版本及配置信息

检查设备的软件版本及配置信息,确保各设备软件版本符合要求,所有配置为初始状态。如果配置不符合要求,请读者在用户模式下删除设备中的配置文件,然后重启设备以使系统采用默认的配置参数进行初始化。

以上步骤可能会用到以下命令:

<H3C> display version

<H3C> reset saved – configuration

<H3C> reboot

步骤三:通过 Console 口配置 Telnet 用户

进入系统视图,创建一个用户,用户名 sa,为该用户创建登录时的认证密码,密码为123456。要求显示配置时密码以明文显示,设置该用户的优先级,该用户的优先级别为 level0。配置命令为:

[H3C]sysname RA

[RA]local – user sa

[RA – luser – manage – sa]password simple 123

[RA – luser – manage – sa]service – type telnet

步骤四:配置 super 口令

将用户切换到 level3 的密码设置为H3C,密码以明文显示,以便用户可以用 super 命令从当前级别切换到 level3。配置命令为:

[RA]super password level 3 simple 123

步骤五:配置对 Telnet 用户使用默认的本地认证

配置命令:

[RA]user – interface vty 0 4

[RA – line – vty0 – 4]authentication – mode scheme

步骤六:配置以太口和 PC 网卡地址

PC 的 IP 地址设置为 192. 168. 1. 2。

在 Windows 操作系统的"控制面板"中选择"网络和 Internet 连接",选择"网络连接"中的"本地连接",单击"属性",在弹出的窗口中选择"Internet 协议(TCP/IP)",单击"属性",属性界面如图 2 – 8 所示。

步骤七:配置接口,启用 Telnet 功能

使用 interface 命令进入与 PC 相连的以太网接口视图,用 ip address 命令配置,将路由器以太口地址配置为 192. 168. 1. 1/24。配置命令为:

[RA] interface GigabitEthernet0/1

[RA interface GigabitEthernet0/1]ip add 192. 168. 1. 1 255. 255. 255. 0

然后打开路由器的 Telnet 服务,使用命令如下:

[RTA]telnet server enable

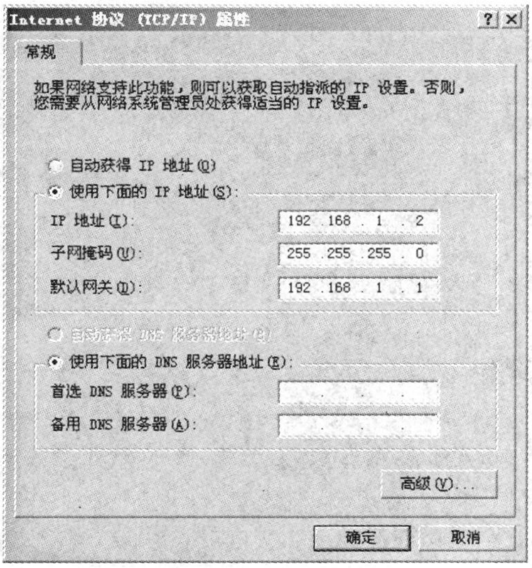

图 2 - 8 主机设置

步骤八:测试

测试本地计算机与网络设备之间的连通性,如图 2 - 9 所示。

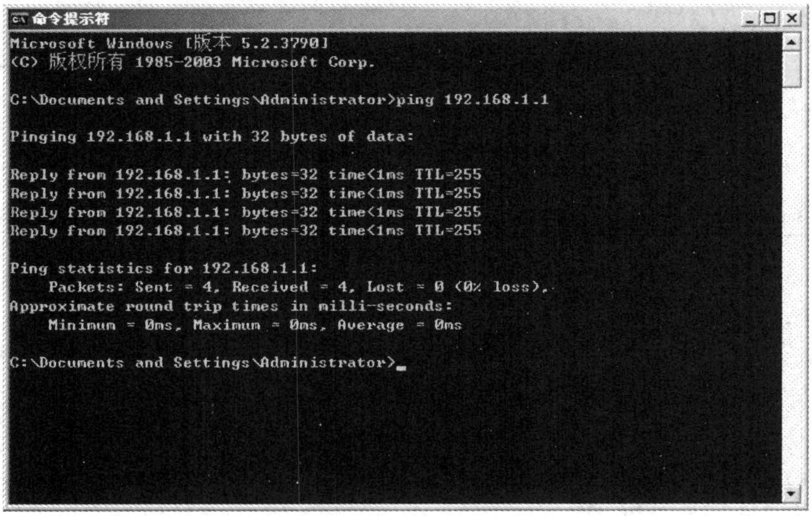

图 2 - 9 测试结果

测试在本地计算机登录远程网络设备,命令为 Telnet 192.168.1.1,结果如图 2 - 10 所示。

2.2.7 实验中相关命令及功能介绍

实验中相关命令及功能介绍如表 2 - 3 所示。

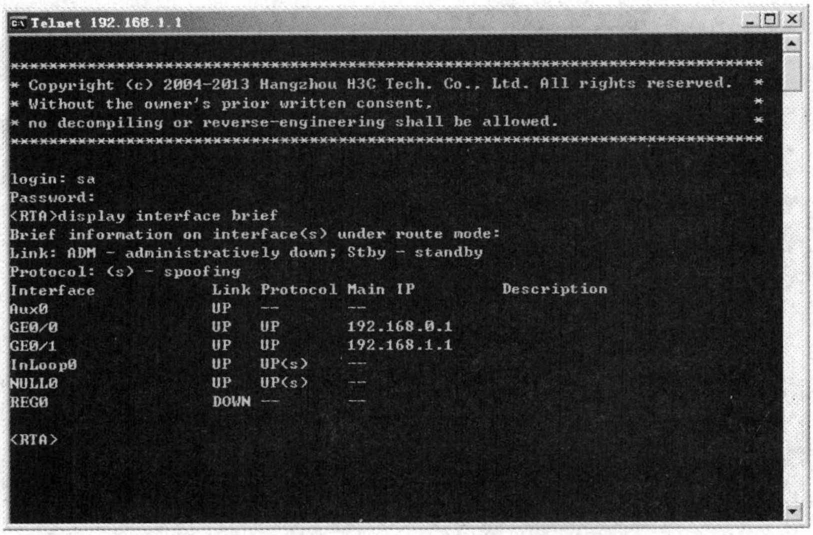

图 2 – 10　登录成功

表 2 – 3　命令列表

命令	描述
telnet enable	使能 Telnet 服务
local – user sa	添加 sa 用户
password simple 123	配置用户验证密码
service – type telnet	配置用户服务类型
user – interface vty 0 4	创建 DHCP 地址池并进入 DHCP 地址池视图
authentication – mode scheme	配置路由器本地认证授权方式

【问题与思考】

如何通过 Telnet 远程登录到对方的计算机上?

2.3　VLAN 配置

【案例描述】

随着公司网络规模的不断扩大,员工普遍反映网络速度明显变慢,响应时间较长,特别在网络使用高峰期,查阅资料发现原因主要在于广播风暴,由于交换机为二层设备,不能隔离广播风暴。

另外,公司有多个部门,如人事部、财务部、销售部等,公司上层管理人员出于对公司内部信息的安全考虑,要求各部门内部信息可以相互访问,但是各个部门之间不能相互访问,同时总经理可以访问任何部门的信息。

作为公司的网络管理员,你如何在二层设备上防止广播风暴,提高网络性能,同时满足公司上层领导的要求呢?

【知识背景】

2.3.1　VLAN 概述

VLAN(Virtual Local Area Network)的中文名为"虚拟局域网",VLAN 是将局域网设备从逻辑上划分成多个网络,可以根据功能、部门、应用等因素将它们组织起来,使得相互之间的通信就好像它们在同一个局域网中一样,从而称为"虚拟局域网"技术。VLAN 可以在单个交换机或者多个交换机之间依据需求划分工作组(或者是逻辑局域网),而不受物理位置的影响。通过 VLAN 可以灵活定义在同一物理网段上的网络节点之间的通信,即在同一VLAN 的网络节点间可以通信,不同 VLAN 的网络节点之间不可以通信,因此,VLAN 使得网络构建更加灵活,也可以有效控制广播域,同时也提高了网络的安全性。

VLAN 的实现方式比较多,大致概括出如下几种实现方法。

1)基于端口划分 VLAN

以交换机端口来划分网络成员,是划分 VLAN 的方式中最常用的一种,其配置过程简单,先定义 VLAN,然后把相应端口加入到 VLAN 中即可。

2)基于 MAC 地址划分 VLAN

这种划分 VLAN 的方法是根据网卡的 MAC 地址来划分,即依据网卡地址(MAC 地址)配置它属于哪个 VLAN。该方法的最大优点就是当用户物理位置改变时,即从一个交换机换到其他的交换机时,VLAN 不用重新配置。但该方法的缺点是初始配置时,所有主机都必须进行配置,如果主机数量过多的话,需要记录每个主机的 MAC 地址,配置非常烦琐、工作量过大。另外,在交换机的每一个端口都可能存在多个 VLAN 组的成员,因此无法限制广播包,不能有效隔离广播风暴,导致交换机转发效率的降低。

3)网络层划分 VLAN

这种划分 VLAN 的方法是根据每个主机的网络层地址或协议类型(如果支持多协议)划分的,常用的是依据网络地址划分 VLAN,例如 IP 地址。

这种方法的优点是用户的物理位置改变了,不需要重新配置所属的 VLAN,而且可以根据协议类型来划分 VLAN,这对网络管理者来说很重要,并且该方法不需要对数据包附加的帧标签来识别 VLAN,可以减少网络的通信量。

4)基于规则划分 VLAN

这种划分也称为基于策略的 VLAN 划分,是较灵活的 VLAN 划分方法,具有自动配置的能力,能够把相关的用户连成一体,在逻辑划分上称为"关系网络"。网络管理员只需要在网管软件中确定划分 VLAN 的规则(或属性),当一个节点加入网络时,会被自动"感知",并被自动加入到正确的 VLAN 中。同时,对节点的移动和改变也可自动识别和跟踪。

以上划分 VLAN 的方式中,基于端口的 VLAN 端口方式建立在物理层上;MAC 方式建立在数据链路层上;网络层划分方式建立在第三层上。

2.3.2　VLAN 工作原理

在网络中,二层设备对数据包是以广播的形式进行转发的。但是为了增强数据的安全性和防止广播风暴,配置二层设备时只转发对应小网络的数据包,如图 2－11 所示。当一个虚拟网内的数据包到达交换机端口时,将不进行转发,使交换机具备路由器的功能,从而把物理上的一个网络划分成逻辑上的多个网络。图 2－11 中,对二层交换机划分 VLAN,那么 PCA 发送给 PCB 的数据只会在虚拟网络 1 中进行广播转发,到达二层交换机时会被丢掉,因此虚拟网络 1 中的主机也无法访问虚拟网络 2 中的主机,从而既保证了数据的安全性,也避免了广播风暴。

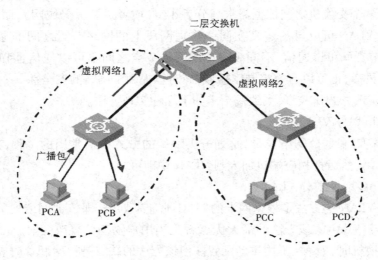

图 2－11　隔离广播风暴

不同划分 VLAN 的方式,其工作原理也不尽相同,这里以端口划分 VLAN 的工作原理为例介绍 VLAN 的工作原理。如图 2－12 所示,端口 E1/0/0 和 E1/0/1 被划分在 VLAN 10 中,即 PCA 和 PCB 在一个虚拟网络中,E1/0/2 和 E1/0/3 被划分在 VLAN 20 中,即 PCC 和 PCD 在一个虚拟网络中。设 PCA 向 PCB 发送数据包,当数据包进入端口 E1/0/0 时,数据包会加上表面 VLAN 10 的标签,该数据包在交换机中进行转发,到达某端口时,查看端口的 VLAN 编号与数据包的标签编号是否相同,若两个编号相同则转发,若不相同则丢掉,例如 PCA 发送的数据包到达端口 E1/0/2 时,端口的 VLAN 编号是 20,而数据包标签编号是 10,不相同则丢掉;若该数据包到达端口 E1/0/1 时,端口编号是 10,数据包标签编号是 10,两个编号相同,因此转发,并且在转发的同时丢掉数据的标签,同理 PCC 发往 PCD 的数据能够被转发,而发往 PCA 或者 PCB 的数据包将被交换机丢掉。由此基于端口的 VLAN 实现了虚拟网络的划分,能够减少广播风暴,同时保证数据的安全性。

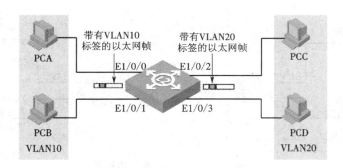

图 2 - 12　基于端口 VLAN 的工作原理

【基本实验】

2.3.3　实验目的

（1）了解 VLAN 工作原理。

（2）掌握 Access 链路端口、Trunk 链路端口和 Hybrid 链路端口的基本配置。

2.3.4　实验内容

（1）搭建实验环境。

（2）实现 VLAN 多种端口的配置。

2.3.5　实验环境

实验环境如图 2 - 13 至图 2 - 15 所示。

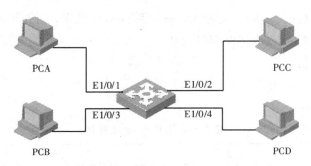

图 2 - 13　实验任务一拓扑图

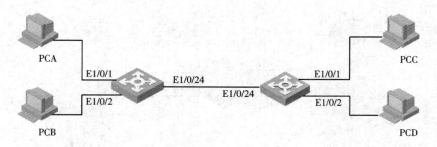

图 2 - 14　实验任务二拓扑图

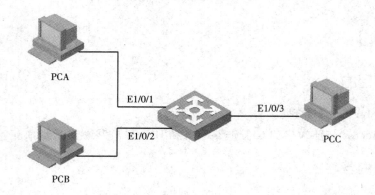

图 2 - 15　实验任务三拓扑图

2.3.6　实验步骤

实验任务一　配置 Access 链路端口

本实验任务通过在交换机上配置 Access 链路端口而使 PC 间处于不同 VLAN,隔离 PC 间的访问,加深学生对 Access 链路端口的理解。

步骤一:配置主机

主机地址如表 2 - 4 所示。

表 2 - 4　主机 IP 地址列表

设备名称	连接端口	IP 地址	网关
PCA	Ethernet1/0/1	192. 168. 0. 1/24	—
PCB	Ethernet1/0/3	192. 168. 0. 2/24	—
PCC	Ethernet1/0/2	192. 168. 0. 3/24	—
PCD	Ethernet1/0/4	192. 168. 0. 4/24	—

步骤二:建立物理连接

按照图 2 - 13 进行连接,并检查设备的软件版本及配置信息,确保各设备软件版本符合要求,所有配置为初始状态。如果配置不符合要求,请在用户模式下清除设备中的配置文件。

以下步骤可以清除设备的配置:

\<H3C\> reset saved – configuration

\<H3C\> reboot

步骤三:观察默认 VLAN

为了查看在默认情况下的 VLAN 情况,在交换机上查看 VLAN 信息,命令为 display vlan,显示结果如下所示:

[SWA] display vlan

    The following VLANs exist:

       1(default)

[SWA] display vlan 1

    VLAN ID: 1

    VLAN Type: static

    Route Interface: not configured

    Description: VLAN 0001

    Tagged   Ports: none

    Untagged Ports:

Ethernet1/0/1	Ethernet1/0/2	Ethernet1/0/3
Ethernet1/0/4	Ethernet1/0/5	Ethernet1/0/6
Ethernet1/0/7	Ethernet1/0/8	Ethernet1/0/9
Ethernet1/0/10	Ethernet1/0/11	Ethernet1/0/12
Ethernet1/0/13	Ethernet1/0/14	Ethernet1/0/15
Ethernet1/0/16	Ethernet1/0/17	Ethernet1/0/18
Ethernet1/0/19	Ethernet1/0/20	Ethernet1/0/21
Ethernet1/0/22	Ethernet1/0/23	Ethernet1/0/24
GigabitEthernet1/1/1	GigabitEthernet1/1/2	GigabitEthernet1/1/3

GigabitEthernet1/1/4

[SWA] display interface Ethernet 1/0/1

    PVID: 1

    Mdi type: auto

    Port link – type: access

      Tagged   VLAN ID : none

      Untagged VLAN ID : 1

    Port priority: 0

从以上输出可知,交换机上的默认 VLAN 是 VLAN 1,所有的端口处于 VLAN 1 中;端口的 PVID 是 1,且是 Access 链路端口类型。

步骤四：配置 VLAN 并添加端口

分别在 SWA 上创建 VLAN 10 和 VLAN 20,并将 PCA 和 PCC 所连接的端口 Ethernet1/0/1 和端口 Ethernet1/0/2 添加到 VLAN 10 中,将 PCB 和 PCD 所连接的端口 Ethernet1/0/3 和端口 Ethernet1/0/4 添加到 VLAN 20 中。

定义 VLAN 10,并把端口 Ethernet 1/0/1 和 Ethernet 1/0/2 添加到 VLAN 10 中。

［SWA］vlan 10

［SWA – vlan10］port Ethernet 1/0/1

［SWA – vlan10］port Ethernet 1/0/2

定义 VLAN 20,并把端口 Ethernet 1/0/3 和 Ethernet 1/0/4 添加到 VLAN 20 中。

［SWA］vlan 20

［SWA – vlan20］port Ethernet 1/0/3

［SWA – vlan20］port Ethernet 1/0/4

步骤五：查看 VLAN 信息

在交换机上查看有关 VLAN 10 的信息,如下所示:

［SWA］display vlan

The following VLANs exist:

   1(default), 10,20

［SWA］display vlan 10

   VLAN ID：10

   VLAN Type：static

   Route Interface：not configured

   Description：VLAN 0010

   Tagged   Ports：none

   Untagged Ports：

Ethernet1/0/1   Ethernet1/0/2

步骤六：测试连通性

通过 ping 命令来测试处于不同 VLAN 间的主机能否互通,在 PCA 上用 ping 命令来测试到 PCC 的互通性,测试结果如下所示:

PC > ping 192.168.0.3

Ping 192.168.0.3：32 data bytes, Press Ctrl _ C to break

From 192.168.0.3：bytes = 32 seq = 1 ttl = 128 time = 16 ms

From 192.168.0.3：bytes = 32 seq = 2 ttl = 128 time < 1 ms

From 192.168.0.3：bytes = 32 seq = 3 ttl = 128 time = 31 ms

From 192.168.0.3：bytes = 32 seq = 4 ttl = 128 time = 31 ms

From 192.168.0.3：bytes = 32 seq = 5 ttl = 128 time = 31 ms

— 192. 168. 0. 3 ping statistics —

5 packet(s) transmitted

5 packet(s) received

0. 00% packet loss

round – trip min/avg/max = 0/21/31 ms

可以看到 PCA 与 PCC 之间是连通的,同样测试 PCA 与 PCB 之间的连通性,结果如下所示:

C:\Documents and Settings\Administrator > ping 192. 168. 0. 2

Pinging 192. 168. 0. 2 with 32 bytes of data:

Request time out

Request time out

Request time out

Request time out

Ping statistics for 192. 168. 0. 2:

　　　Packets:Sent = 4, Received = 0, Lost = 4 (100% loss)

可以看到 PCA 与 PCB 之间是不通的,同样测试 PCB 与 PCD 之间是连通的,PCB 与 PCC 和 PCD 之间是不通的。到此,完成了在同一个交换机上依据端口划分 VLAN 的配置,把一个交换机划分为多个工作组。

实验任务二　配置 Trunk 链路端口

本实验是在多个交换机上划分 VLAN,交换机与交换机相连的端口采用 Trunk 链路端口,允许多个 VLAN 数据包通过。

步骤一:配置主机

该实验中主机的配置同任务一,但是连接交换机的端口不同,具体如表 2 – 5 所示。

表 2 – 5　主机 IP 地址列表

设备名称	交换机	连接端口	IP 地址	网关
PCA	SA	Ethernet1/0/1	192. 168. 0. 1/24	—
PCB	SA	Ethernet1/0/2	192. 168. 0. 2/24	—
PCC	SB	Ethernet1/0/1	192. 168. 0. 3/24	—
PCD	SB	Ethernet1/0/2	192. 168. 0. 4/24	—

步骤二:物理连线

按照图 2 – 14 所示进行连线,为避免前面配置的影响,这里同样清空初始配置,然后把交换机命名为 SWA 和 SWB,在第一台交换机上进行如下操作:

< H3C > reset saved – configuration

< H3C > reboot

< H3C > system – view

Enter system view, return user view with Ctrl + Z.

[H3C]sysname SWA

在第二台交换机上进行如下操作：

< H3C > reset saved – configuration

< H3C > reboot

< H3C > system – view

Enter system view, return user view with Ctrl + Z.

[H3C]sysname SWB

步骤三：配置 VLAN 并添加端口

分别在 SWA 和 SWB 上创建 VLAN 10 和 VLAN 20，并将 PCA 和 PCC 所连接的端口 Ethernet1/0/1 添加到 VLAN 10 中，将 PCB 和 PCD 所连接的端口 Ethernet1/0/2 添加到 VLAN 20 中。

在交换机 SWA 上进行如下配置：

[SWA]vlan 10

[SWA – vlan10]port Ethernet 1/0/1

[SWA]quit

[SWA]vlan 20

[SWA – vlan20]port Ethernet 1/0/2

在交换机 SWB 上进行如下配置：

[SWB]vlan 10

[SWB – vlan10]port Ethernet 1/0/1

[SWB]quit

[SWB]vlan 20

[SWB – vlan20]port Ethernet 1/0/2

该实验中，PCA 和 PCC 都属于 VLAN 10，在 PCA 上用 ping 命令来测试与 PCC 的连通性，测试结果如下所示：

C:\Documents and Settings\Administrator > ping 192.168.0.3

Pinging 192.168.0.3 with 32 bytes of data：

Request time out

Request time out

Request time out

Request time out

Ping statistics for 192.168.0.3：

Packets：Sent = 4, Received = 0, Lost = 4 (100% loss)

可以看到 PCA 与 PCC 之间是不能互通的，这是因为交换机的端口在默认情况下是 Access 类型的端口，而在 H3C 设备中，该端口是连接主机的，并且只允许一个 VLAN 的数据包通过,在默认情况下属于 VLAN 1,不允许 VLAN 10 的数据包通过。这里我们可以看到,在交换机 SWA 上经过端口 Ethernet 1/0/24 到达交换机 SWB 的数据既有 VLAN 10 的,也有 VLAN 20 的,因此在端口 Ethernet 1/0/24 上面可以通过多个 VLAN 的数据包,因此端口 Ethernet 1/0/24 应该是 Trunk 类型的端口。

步骤四:配置 Trunk 链路端口

在 SWA 和 SWB 上配置端口 Ethernet 1/0/24 为 Trunk 链路端口。

配置 SWA:

[SWA]interface Ethernet 1/0/24

[SWA – Ethernet1/0/24]port link – type trunk

[SWA – Ethernet1/0/24]port trunk permit vlan all

配置 SWB:

[SWB]interface Ethernet 1/0/24

[SWB – Ethernet1/0/24]port link – type trunk

[SWB – Ethernet1/0/24]port trunk permit vlan all

步骤五:测试连通性

在 PCA 上使用 ping 命令来测试与 PCC 能否互通。其结果应该是能够互通,如下所示:

C:\Documents and Settings\Administrator > ping 192.168.0.3

Pinging 192.168.0.3 with 32 bytes of data:

Reply from 192.168.0.3:bytes = 32 time < 1ms TTL = 128

Reply from 192.168.0.3:bytes = 32 time < 1ms TTL = 128

Reply from 192.168.0.3:bytes = 32 time < 1ms TTL = 128

Reply from 192.168.0.3:bytes = 32 time < 1ms TTL = 128

Ping statistics for 192.168.0.3:

　　Packets:Sent = 4, Received = 4, Lost = 0 (0% loss)

Approximate round trip times in milli – seconds:

Minimum = 1ms, Maximum = 1ms, Average = 1ms

在 PCA 上测试与 PCB 之间的连通性,结果如下所示:

C:\Documents and Settings\Administrator > ping 192.168.0.2

Pinging 192.168.0.2 with 32 bytes of data:

Request time out

Request time out

Request time out

Request time out

Ping statistics for 192.168.0.2:

　　Packets:Sent = 4, Received = 0, Lost = 4 (100% loss),

可以看到 PCA 与 PCB 之间是不通的,同样测试,可以看到 PCB 与 PCD 之间是连通的,PCB 与 PCC 之间是不通的。到此,我们完成了多个交换机之间的 VLAN 配置,这里需要注意的是交换机与交换机相连的端口是 Trunk 类型的端口,并定义允许通过的 VLAN 有多个,交换机与主机相连的端口是 Access 类型的端口,允许通过的 VLAN 只有一个。

实验任务三　配置 Hybrid 链路端口

本实验的要求是使 PCA 和 PCB 能与 PCC 互通,但是 PCA 与 PCB 之间不能互通,这种情况在 H3C 设备中定义一种端口是混合型即端口采用 Hybrid 类型。

步骤一:配置主机

如表 2－6 所示在主机上配置 IP 地址,并完成与交换机的连接。

表 2－6　IP 地址列表

设备名称	交换机端口	IP 地址	网关
PCA	Ethernet1/0/1	192.168.0.1/24	—
PCB	Ethernet1/0/2	192.168.0.2/24	—
PCC	Ethernet1/0/3	192.168.0.3/24	—

步骤二:建立物理连接

按照图 2－15 所示进行连线,为避免与前面配置的影响,这里同样清空初始配置,然后把交换机命名为 SWA,在交换机上进行如下操作:

　　< H3C > reset saved – configuration

　　< H3C > reboot

　　< H3C > system – view

Enter system view, return user view with Ctrl + Z.

　　[H3C]sysname SWA

步骤三:配置 VLAN 并添加端口

分别在 SWA 上创建 VLAN 10、VLAN 20 和 VLAN 30,并将 PCA、PCB 和 PCC 所连接的端口添加到相应的 VLAN 中,配置过程如下:

　　[SWA]vlan 10

　　[SWA – vlan10]port Ethernet 0/1

　　[SWA]quit

　　[SWA]vlan 20

　　[SWA – vlan20]port Ethernet 0/2

　　[SWA]quit

　　[SWA]vlan 30

　　[SWA – vlan30]port Ethernet 0/3

　　[SWA]quit

这个时候显然 PCA、PCB 和 PCC 之间都是不通的,要想满足上面的配置要求,需要定义 Hybrid 端口。

步骤四:配置 Hybrid 链路端口

[SWA]interface Ethernet 0/1

[SWA – Ethernet0/1]port link – type hybrid

[SWA – Ethernet0/1]port hybrid vlan 10 30 untagged

[SWA]quit

[SWA]interface Ethernet 0/2

[SWA – Ethernet0/2]port link – type hybrid

[SWA – Ethernet0/2]port hybrid vlan 20 30 untagged

[SWA]quit

[SWA]interface Ethernet 0/3

[SWA – Ethernet0/3]port link – type hybrid

[SWA – Ethernet0/3]port hybrid vlan 10 20 30 untagged

[SWA]quit

步骤五:查看 VLAN 信息

在交换机 SWA 上查看 VLAN 相关信息,过程及结果如下:

<SWA> display vlan

VLAN function is enabled.

Total 4 VLAN exist(s).

Now, the following VLAN exist(s):

 1(default), 10 , 20, 30

查看 VLAN 10 的信息,结果如下:

<SWA> display vlan 10

VLAN ID: 10

VLAN Type: static

Route interface: not configured

Description: VLAN 0010

Tagged   Ports: none

Untagged Ports:

   Ethernet1/0/1

查看端口的信息,命令及结果如下:

[H3C – Ethernet1/0/1]display this

interface Ethernet1/0/1

port link – mode bridge

port link – type hybrid

undo port hybrid vlan 1

port hybrid vlan 10 30 untagged

port hybrid pvid vlan 10

步骤六:测试连通性

在 PCA 上测试与 PCB 的连通性:

C:\Documents and Settings\Administrator > ping 192.168.0.2

Pinging 192.168.0.2 with 32 bytes of data:

Request time out

Request time out

Request time out

Request time out

Ping statistics for 192.168.0.2:

  Packets:Sent = 4, Received = 0, Lost = 4 (100% loss)

在 PCA 上测试与 PCC 的连通性:

C:\Documents and Settings\Administrator > ping 192.168.0.3

Pinging 192.168.0.3 with 32 bytes of data:

Reply from 192.168.0.3:bytes = 32 time < 1ms TTL = 128

Reply from 192.168.0.3:bytes = 32 time < 1ms TTL = 128

Reply from 192.168.0.3:bytes = 32 time < 1ms TTL = 128

Reply from 192.168.0.3:bytes = 32 time < 1ms TTL = 128

Ping statistics for 192.168.0.3:

  Packets:Sent = 4, Received = 4, Lost = 0 (0% loss),

Approximate round trip times in milli – seconds:

Minimum = 1ms, Maximum = 1ms, Average = 1ms

同样在 PCB 上 ping PCC 也可以通,但是 ping PCA 不通,从而可知 PCA 与 PCC 连通,PCB 和 PCC 连通,但是 PCA 和 PCB 之间不通,即达到实验要求。

至此,我们完成了 VLAN 的配置,要能够区分 H3C 设备的 3 种类型的端口:Access、Trunk、Hybrid。Access 类型端口连接主机,只允许一个 VLAN 通过;Trunk 类型端口连接交换机,允许多个 VLAN 通过;Hybrid 类型端口连接主机,允许多个 VLAN 通过。依据这 3 种端口,可以实现灵活的 VLAN 划分,能够实现各种功能的配置。

2.3.7　实验中相关命令及功能介绍

实验中相关命令及功能介绍如表 2 – 7 所示。

表 2 – 7　命令列表

命令	描述
display vlan	显示交换机上的 VLAN 信息
display interface [interface – type [interface – number]]	显示指定接口当前的运行状态和相关信息
display vlan vlan – id	显示交换机上的指定 VLAN 信息

续表

命令	描述
vlan vlan – id	创建 VLAN 并进入 VLAN 视图
port interface – list	向 VLAN 中添加一个或一组 Access 端口
port link – type｛ access｜hybrid｜trunk ｝	设置端口的链路类型
port trunk permit vlan ｛ vlan – id – list｜all ｝	允许指定的 VLAN 通过当前 Trunk 端口

【问题与思考】

如果多个交换机之间实现 Hybrid 的功能,该如何配置呢? 请查阅资料自行完成。

2.4　子网划分

【案例描述】

随着公司业务的扩展,公司又吸纳了两个公司,但是两个新的子公司业务相差比较大,因此公司上层管理人员希望分别为两个子公司建立相应的网络。当前公司的计算机数量以及两个新的子公司的计算机数量都在 20 ~ 30 台,作为网络管理员的你,如何在尽可能节省费用的情况下,使公司的 3 个子公司都能有自己的网络呢?

【知识背景】

2.4.1　IP 概述

IP 是 Internet Protocol(网际互联协议)的缩写,它定义了一套保证计算机网络相互连接进行通信的规则,规定了计算机在因特网上进行通信时应当遵守的规则。任何厂家生产的计算机系统,只要遵守 IP 协议就可以与因特网互联互通。

IP 协议中一个非常重要的内容就是给因特网上的每台计算机及一些网络设备都规定了一个唯一的地址,叫作 IP 地址。IP 地址为了保证用户从成千上万的互联网络的主机中被识别出来,能够识别资源请求者和资源提供者,保证资源共享和互联通信的有序,因此要保证每台计算机或网络设备具有唯一的标识,即 IP 地址。

在 20 世纪 70 年代初期,建立 Internet 的工程师们并未预见到计算机和通信在未来的迅猛发展,设计者们依据当时的网络使用环境,并根据当时对网络的理解建立了逻辑地址分配策略,为了给不同规模的网络提供必要的灵活性,IP 地址的设计者将 IP 地址空间划分为 5 个不同的地址类别,其中 A、B、C 三类最为常用。

从设计时的情况来看,32 位的地址空间确实足够大,能够提供 2^{32}(4 294 967 296,约为 43 亿)个独立的地址。这样的地址空间在当时看来是非常充足的,于是便将 IP 地址根据申请而按类别分配给某个组织或公司,而很少考虑其是否真的需要这么多个地址空间,也没有考虑到 IPv4 地址空间最终会被用尽。但是在实际网络规划中,这不利于有效地分配有限的地址空间。对于 A、B 类地址,很少有足够大规模的公司能够使用,而 C 类地址所容纳的主机数又相对太少。

在 1992 年时 B 类地址分配了近一半,而网络主机及网络的数量又在急剧增加,IP 地址数量出现危机,在 1994 年表现得更为突出,因此 IETF 很快设计了无分类编址法,使得 IP 地址分配更加合理,减少 IP 地址的浪费,但仍然无法改变 IP 地址不足的问题,因此提出了 IPv6 来解决。

2.4.2　有类别编址

当 TCP/IP 在 20 世纪 80 年代被首次引入时,它依赖于一个两层的编址方案,这在当时提供了足够的扩展性。IPv4 的地址包括两个部分:网络号和主机号。网络号和主机号一起唯一地标识了通过 Internet 连接的主机。

1)IP 地址的类别

在有类别编址中,IP 地址被分成 5 个类别:A、B、C、D 和 E。根据地址的类别,IP 地址的 4 个字节要么属于网络号部分,要么属于主机号部分,每类网络包括的网络数量及能容纳的主机数量如表 2-8 所示。其中只有 A、B 和 C 三类 IP 地址被用于 IP 网络上实际主机的编址,D 类地址用于多目组播,而 E 类保留给实验研究用。

表 2-8　各类 IP 地址

A 类	网络	主机		
字节	1	2	3	4
范围	0 ~ 127	0 ~ 255	0 ~ 255	1 ~ 254
B 类	网络		主机	
字节	1	2	3	4
范围	128 ~ 191	0 ~ 255	0 ~ 255	1 ~ 254
C 类	网络			主机
字节	1	2	3	4
范围	192 ~ 223	0 ~ 255	0 ~ 255	1 ~ 254
D 类	主机			
字节	1	2	3	4

2)特殊的 IP 地址

(1)保留地址:Internet 的保留地址主要作为内部网络使用,内容如下。

A 类地址:10. 0. 0. 0

B 类地址:172. 16. 0. 0 ~ 172. 31. 0. 0

             169. 254. 0. 0 ~ 169. 254. 255. 254(微软保留地址块)

C 类地址:192. 168. 0. 0 ~ 192. 168. 255. 0

（2）网络地址：主机号全为"0"的 IP 地址表示某网络号的网络本身。

（3）广播地址：主机号各位全为"1"的 IP 地址表示本网广播或称为本地广播。

（4）环回地址：A 类地址的第一段十进制数值为 127，是保留地址，用于环路反馈测试等。如 127.0.0.1 代表本机地址，可用来测试网卡。

（5）全"0"地址：整个 IP 地址全为"0"代表一个未知的网络，如 0.0.0.0，经常用在路由器的配置中，表示默认路由。

2.4.3　子网介绍

1）子网的引入

IP 地址是以网络号和主机号来表示网络上的主机的，只有在一个网络号下的计算机之间才能"直接"互通，不同网络号的计算机要通过网关（Gateway）才能互通。但两级网络的划分在某些情况下显得不够灵活，同时也造成 IP 地址的浪费。因此，在 IP 地址中引入"子网号字段"，把两级 IP 地址变成三级 IP 地址，能够提高网络设计的灵活性，同时减少 IP 地址的浪费，这种方法叫作划分子网。在划分子网的情况下，不能确定是哪些位代表网络号，哪些位代表主机号，为此引入了"子网掩码"，目的就是为了确定一个 IP 地址属于哪个网络。在划分子网下，只要两个 IP 地址属于同一个子网，那么两者之间可以直接通信。引入子网前后 IP 地址表示如图 2-16 所示。

网络号	主机号		两级 IP
网络号	子网号	主机号	三级 IP

图 2-16　两级 IP 与三级 IP 对比

将一个网络划分成几个较小的子网，因此子网号从原来的主机号中分出，即将 IP 地址的主机号部分进一步划分成子网部分和主机部分。从两级 IP 地址的主机号部分"借"位并把它们指定为子网号部分，在"借"用时必须给主机号部分剩余两位（如果保留 1 位的话，只有 0 和 1 两种情况，0 表示网络，1 是广播地址，即没有有效的可用 IP 地址）。

2）子网的相关概念

（1）子网地址：主机号对应位全为"0"表示子网的网络地址，例：202.93.120.64/26，则对应的网络地址为：202.93.120.0，即最后一字节为 01000000。

（2）子网掩码：与 IP 地址的网络号和子网号相对应的位用"1"表示，与 IP 地址的主机号相对应的位用"0"表示，例：255.255.255.224（向最后一字节借 3 位）。

IP 地址与其子网掩码逻辑与运算可以判断 IP 地址的子网地址和主机号。

例：255.255.255.224 与 202.93.120.85 化成二进制后逻辑与运算得子网地址为 202.93.120.64，主机号为 21（85-64=21）。

（3）子网直接广播地址：主机号对应位全为"1"，例：202.93.120.95 最后一字节为 01011111。

（4）有限广播地址：网络位、子网位及主机位全为"1"，构成：255.255.255.255，是广播地址，并且广播被限制在本子网内，称为有限广播地址。

2.4.4　子网划分

子网掩码是一个与 IP 地址相对应的 32 B 的数,掩码中的各个比特与 IP 地址的各个比特相对应,如果 IP 地址的一个比特对应的子网掩码比特为 1,那么该 IP 地址的比特属于地址的网络部分。如果 IP 地址中的一个比特对应的子网掩码比特为 0,那么该比特属于主机部分。子网掩码取代了传统的地址类别,用来确定一个比特是否属于地址的网络或主机部分,也就能够实现对一个网络进行子网划分了。

划分子网后,可以提高 IP 地址的利用率,缩小网络规模,也可以减少在每个子网上的网络广播信息量,使得互联网络更加易于管理。子网划分也带来了一个问题:每增加一个子网,就会造成两个 IP 地址的浪费(主机号全 0 和全 1 的地址不能用),因此子网数量越多,IP 地址浪费也就越多。子网个数和子网主机个数的计算方法如下。

子网个数的计算方法:子网个数 $= 2^{子网号位数} - 2$

每个子网主机个数的计算:主机个数 $= 2^{主机号位数} - 2$

【基本实验】

2.4.5　实验目的

(1)了解子网划分工作原理。
(2)掌握子网划分的基本方法。

2.4.6　实验内容

(1)搭建实验环境。
(2)实现 DHCP 服务器的配置。

2.4.7　实验环境

实验环境如图 2 – 17 所示。

2.4.8　实验步骤

一个公司包括 3 个子公司,现需要为该公司组建网络,3 个子公司分别在 3 个子网中,每个子网包含 25 台主机,如图 2 – 17 所示,那么应该怎样规划和使用 IP 地址呢? 现将规划过程描述如下。

步骤一:判断是哪类网络的 IP 地址

公司共有计算机 25 + 25 + 25 = 75 台,但该 C 类网最多可以容纳 254 台计算机,所以申请一个 C 类网即可,假设网络地址为 192.168.10.0/24。

步骤二:确定子网号位数

公司 3 个子公司中,网络划分成 3 个子网,每个子网的计算机数量均为 25 台,确定子网号位数的方法有两种,下面分别进行介绍。

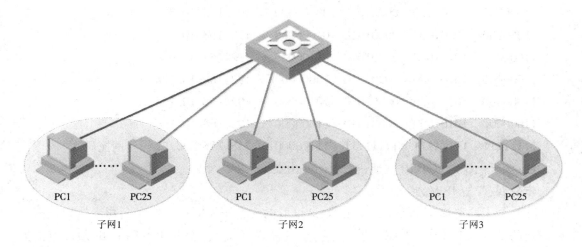

图 2-17 子网划分拓扑图

第一种方法先计算子网号位数,子网号位数是满足 $2^n - 2 \geqslant 3$ 的 n 值,一般情况下 n 取值为满足条件的最小值,这里 n 取值为 3,此时,主机号位数为 5,能够容纳的主机数为:$2^5 - 2 = 30 > 25$,所以子网号 3 位即可。

另外一种计算方式是先计算主机需要多少位,然后计算子网号位数,子网主机数为 25,则主机号位数是满足 $2^m - 2 \geqslant 25$ 的 m 值,一般情况下 m 取值为满足条件的最小值,这里 m 取值为 5,即用 5 位表示主机号部分,那么剩余 3 位,$2^3 - 2 > 3$,所以子网号位数为 3。下面给出子网号位数计算的过程。

			子网号	主机号
IP地址:	11000000	10101000 00001010	000	00000
子网掩码:	11111111	11111111 11111111	111	00000
	网络号		子网号	主机号

IP地址: 11000000 10101000 00001010 000 00000

子网掩码: 11111111 11111111 11111111 111 00000

子网地址空间
可用子网号数量
$2^3 - 2 = 6$
全为0和全为1不可用

```
000
001
010
011
100
101
110
111
```

步骤三:计算子网 IP 地址

把上面得到的 6 个可用的子网地址全部转换为点分十进制表示,如下所示:

11000000	10101000	00001010	00100000	= 192. 168. 10. 32
11000000	10101000	00001010	01000000	= 192. 168. 10. 64
11000000	10101000	00001010	01100000	= 192. 168. 10. 96
11000000	10101000	00001010	10000000	= 192. 168. 10. 128
11000000	10101000	00001010	10100000	= 192. 168. 10. 160
11000000	10101000	00001010	11000000	= 192. 168. 10. 192
11111111	11111111	11111111	11100000	= 255. 255. 255. 224(子网掩码)

注:该子网中的最小 IP 地址一般留给路由器。

步骤四:配置 IP 地址

从 6 个子网选择 3 个分给 3 个公司,这里取前 3 个子网对应 3 个子公司。然后依据上面确定的子网的 IP 地址,对每个子网中的主机设置 IP 地址,公司 1 可用的 IP 地址范围为 192. 168. 10. 33 ~ 192. 168. 10. 62,公司 2 可用的 IP 地址范围为 192. 168. 10. 65 ~ 192. 168. 10. 94,公司 3 可用的 IP 地址范围为 192. 168. 10. 97 ~ 192. 168. 10. 126。每个主机配置相应的 IP 地址,所有主机的子网掩码为 255. 255. 255. 224。

步骤五:测试

在各个子网内部的计算机相互之间是可以 ping 通的,但是子网与子网的计算机相互之间是 ping 不通的。在子网 1 中 ping 内部的计算机结果如下:

C:\Documents and Settings\Administrator > ping 192. 168. 10. 35

Pinging 192. 168. 10. 35 with 32 bytes of data:

Reply from 192. 168. 10. 35:bytes = 32 time < 1ms TTL = 128

Reply from 192. 168. 10. 35:bytes = 32 time < 1ms TTL = 128

Reply from 192. 168. 10. 35:bytes = 32 time < 1ms TTL = 128

Reply from 192. 168. 10. 35:bytes = 32 time < 1ms TTL = 128

Ping statistics for 192. 168. 10. 35:

Packets:Sent = 4, Received = 4, Lost = 0 (0% loss)

Approximate round trip times in milli – seconds:

Minimum = 1ms, Maximum = 1ms, Average = 1ms

在子网 1 中的计算机 ping 子网 2 中的计算机,结果如下:

C:\Documents and Settings\Administrator > ping 192. 168. 10. 65

Pinging 192. 168. 10. 65 with 32 bytes of data:

Request time out

Request time out

Request time out

Request time out

Ping statistics for 192. 168. 10. 65:

Packets:Sent = 4, Received = 0, Lost = 4 (100% loss)

【问题与思考】

在前面的实验中,为了实现网络内部的信息安全性、防止广播风暴,我们采用的方法是划分 VLAN,请大家思考 VLAN 与该节中介绍的划分子网方法有什么区别。

2.5　静态路由配置

【案例描述】

某公司总部在 A 城,另外两个子公司分别在 B 和 C 城,随着业务的发展,该公司需要 B和 C 两个子公司与总部进行连接,然后通过总部接入到因特网上,分公司通过租用专线与总部相连,总部连接到服务提供商 ISP 的接入路由器上,如图 2 – 18 所示。

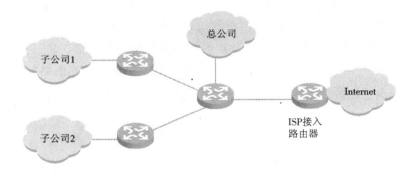

图 2 – 18　案例图

作为该项目组的施工人员,你将如何实现对路由器的访问与初始化配置,使得分公司能够接入到总部,并通过总部接入因特网。

【知识背景】

路由是指数据在网络传输中经过的路径,在众多路径中选择一条较好的路径的方法称为路由选择算法,依据路由选择算法能否随着网络的变化自适应地进行调整可以把路由选择算法分为两类:静态路由选择算法和动态路由选择算法。静态路由选择简单、开销小,但是不能自适应网络的变化,需要手工配置每条路由,适合简单的小网络。动态路由选择算法能较好地自适应网络变化,网络变化时人工参与较少,但是实现比较复杂、开销较大,适合大型网络。

静态路由顾名思义是静态的,不会随着网络的拓扑结构或链路的状态发生变化而变化,需要网络管理员了解整个网络的拓扑结构、手工配置完成的。当网络拓扑发生变化时,需要网络管理员人工去修改路由表中相关的静态路由信息。静态路由信息在默认情况下是私有的,不会传递给其他的路由器。

2.5.1　静态路由的优点

路由选择简单,需要手工配置。

路由选择开销小,包括网络流量开销、路由器计算开销等。

网络安全保密性高。动态路由因为需要路由器之间频繁地交换各自的路由表,而对路由表的分析可以揭示网络的拓扑结构和网络地址等信息。

2.5.2　静态路由的缺点

网络管理员掌握整个网络的拓扑结构比较困难,难于对整个网络的路由进行规划。

当网络的拓扑结构或链路状态发生变化时,需要管理员对路由器中的静态路由信息大范围地调整,这一工作的难度和复杂程度非常高。

当网络发生变化或网络发生故障时,不能自动重选路由,很可能使路由失败。

对于静态路由的配置中,路由规划(计算每个路由器需要配置的静态路由数量)至关重要,直接关系到网络的连通性,要确保每个路由器达到与该路由器直连网络外的每个网络都有路由,因此,每个路由器需要配置的路由数可由下面公式计算得到。

$$路由器的路由数 = 网络中总网络数 - 与本路由器直连网络数$$

【基本实验】

2.5.3　实验目的

(1)掌握 IP 地址的规划。

(2)掌握静态路由的配置。

2.5.4　实验内容

(1)搭建实验环境。

(2)实现静态路由的配置。

2.5.5　实验环境

实验环境如图 2 - 19 所示。

2.5.6　实验步骤

步骤一:规划 IP、搭建环境

如图 2 - 19 所示,对网络中的路由器的各端口及主机规划 IP 地址,见表 2 - 9。

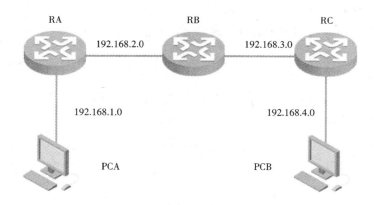

图 2 – 19　静态路由组网图

表 2 – 9　端口及主机规划 IP 地址

设备	Ethernet 0/0	Ethernet 0/1
RA	192.198. 1. 1/24	192.198. 2. 1/24
RB	192.198. 2. 2/24	192.198. 3. 1/24
RC	192.198. 3. 2/24	192.198. 4. 1/24
PCA	192.168. 1. 2/24	
PCB	192.168. 1. 2/24	

规划好 IP 地址后,对各个设备进行连接,搭建实验环境,此过程要注意连接的端口。

步骤二:配置 IP 地址

首先对第 1 个路由器命名为路由器 RA,命令如下:

< H3C > system – view

[H3C]sysname RA

然后对 RA 中的端口依据规划好的 IP 地址进行配置,命令如下:

[RA]interface Ethernet 0/0

[RA – Ethernet0/0]ip address 192.168. 1. 1 255. 255. 255. 0

[RA]interface Ethernet 0/1

[RA – Ethernet0/1]ip address 192.168. 2. 1 24

对第 2 个路由器命名为路由器 RB,命令如下:

< H3C > system – view

[H3C]sysname RB

对 RB 中的端口依据规划好的 IP 地址进行配置,命令如下:

[RB]interface Ethernet 0/0

[RB – Ethernet0/0]ip add 192.168. 2. 2 24

[RB – Ethernet0/0]quit

[RB]interface eth 0/1

［RB – Ethernet0/1］ip add 192. 168. 3. 1 24

对第 3 个路由器命名为路由器 RC,命令如下:

< H3C > system – view

［H3C］sysname RC

对 RC 中的端口依据规划好的 IP 地址进行配置,命令如下:

［RC］interface Ethernet 0/0

［RC – Ethernet0/0］ip address 192. 168. 3. 2 24

［RC – Ethernet0/0］quit

［RC］interface Ethernet 0/1

［RC – Ethernet0/1］ip address 192. 168. 4. 1 24

步骤三:规划并配置路由

依据上面给出的路由数量计算公式可以计算出 3 个路由器的静态路由数量,拓扑图中网络总数为 4,每个路由器的直连网络数为 2,所以每个路由器的静态路由数为:

$Number = 4 - 2 = 2$

计算出每个路由器的静态路由数量后,接下来对每个路由器进行路由的配置,配置静态路由命令格式为:

［Router］ip route – static dest – address ｛ mask｜mask – length ｝ ｛gateway – address ｜inter-face – type interface – name｝［ preference preference – value ］

ip route – static 表示所配置的路由是静态路由。

dest – address 指目的网络地址,可以是网络号,也可以是网络中的任意一个 IP 地址。

｛ mask ｜ mask – length｝是目的网络的掩码或者掩码的位数,选择一种即可。

｛gateway – address ｜ interface – type interface – name ｝多是网关地址,也可以是端口号。

［ preference preference – value ］可选项,是路由的优先级。

在每个路由器上添加到达直连网络之外网络的路由信息,首先在路由器 RA 中添加两条静态路由,分别是到达网络 192. 168. 3. 0/24 和网络 192. 168. 4. 0/24 的路由信息,而直连网络不需要添加路由,命令如下:

［RA］ip route – static 192. 168. 3. 0 255. 255. 255. 0 192. 168. 2. 2

［RA］ip route – static 192. 168. 4. 0 255. 255. 255. 0 192. 168. 2. 2

同样,在路由器 RB 中添加到达网络 192. 168. 1. 0/24 和网络 192. 168. 4. 0/24 的静态路由信息,命令如下:

［RB］ip route – static 192. 168. 1. 0 255. 255. 255. 0 192. 168. 2. 1

［RB］ip route – static 192. 168. 4. 0 255. 255. 255. 0 192. 168. 3. 2

在路由器 RC 中添加到达网络 192. 168. 1. 0/24 和网络 192. 168. 2. 0/24 的静态路由信息,命令如下:

［RC］ip route – static 192. 168. 2. 0 255. 255. 255. 0 192. 168. 3. 1

［RC］ip route – static 192. 168. 1. 0 255. 255. 255. 0 192. 168. 3. 1

步骤四:查看路由信息

在路由器 RB 上查看路由表信息,结果如下所示:

[RB] display ip routing - table

Destinations : 17　　　　　　Routes : 17

Destination/Mask	Proto	Pre	Cost	NextHop	Interface
0. 0. 0. 0/32	Direct	0	0	127. 0. 0. 1	InLoop0
127. 0. 0. 0/8	Direct	0	0	127. 0. 0. 1	InLoop0
127. 0. 0. 0/32	Direct	0	0	127. 0. 0. 1	InLoop0
127. 0. 0. 1/32	Direct	0	0	127. 0. 0. 1	InLoop0
127. 255. 255. 255/32	Direct	0	0	127. 0. 0. 1	InLoop0
192. 168. 1. 0/24	Direct	0	0	192. 168. 1. 2	GE0/0
192. 168. 1. 0/32	Direct	0	0	192. 168. 1. 2	GE0/0
192. 168. 1. 2/32	Direct	0	0	127. 0. 0. 1	InLoop0
192. 168. 1. 255/32	Direct	0	0	192. 168. 1. 2	GE0/0
192. 168. 3. 0/24	Direct	0	0	192. 168. 3. 1	GE0/1
192. 168. 3. 0/32	Direct	0	0	192. 168. 3. 1	GE0/1
192. 168. 3. 1/32	Direct	0	0	127. 0. 0. 1	InLoop0
192. 168. 3. 255/32	Direct	0	0	192. 168. 3. 1	GE0/1
192. 168. 4. 0/24	Static	60	0	192. 168. 3. 2	GE0/1
224. 0. 0. 0/4	Direct	0	0	0. 0. 0. 0	NULL0
224. 0. 0. 0/24	Direct	0	0	0. 0. 0. 0	NULL0
255. 255. 255. 255/32	Direct	0	0	127. 0. 0. 1	InLoop0

通过上面路由表信息可以看到,数据包到达该路由器时,目的地是哪个网络,依据路由表可以找到下一跳地址及从哪个接口进行转发,例如目的网络是 192. 168. 4. 0/24 时,下一跳是地址为 192. 168. 3. 2,从路由器的 GE0/1 接口进行转发,该路由为静态路由。通过这些信息可以判定路由器配置有没有遗漏、错误等。

步骤五:测试

在 RA 上测试与 192. 168. 4. 0/24 的连通性:

[RA]ping 192. 168. 4. 1

　PING 192. 168. 4. 1: 56　　data bytes, press CTRL _ C to break

　　Reply from 192. 168. 4. 1: bytes = 56 Sequence = 1 ttl = 255 time = 1 ms

　　Reply from 192. 168. 4. 1: bytes = 56 Sequence = 2 ttl = 255 time = 1 ms

　　Reply from 192. 168. 4. 1: bytes = 56 Sequence = 3 ttl = 255 time = 1 ms

　　Reply from 192. 168. 4. 1: bytes = 56 Sequence = 4 ttl = 255 time = 1 ms

　　Reply from 192. 168. 4. 1: bytes = 56 Sequence = 5 ttl = 255 time = 1 ms

— 192. 168. 4. 1 ping statistics —

5 packet(s) transmitted

5 packet(s) received

0. 00% packet loss

round − trip min/avg/max = 1/1/1 ms

在 RC 上测试与 192. 168. 1. 0/24 的连通性：

[RC]ping 192. 168. 1. 1

PING 192. 168. 1. 1：56   data bytes, press CTRL _ C to break

Reply from 192. 168. 1. 1：bytes = 56 Sequence = 1 ttl = 254 time = 1 ms

Reply from 192. 168. 1. 1：bytes = 56 Sequence = 2 ttl = 254 time = 1 ms

Reply from 192. 168. 1. 1：bytes = 56 Sequence = 3 ttl = 254 time = 1 ms

Reply from 192. 168. 1. 1：bytes = 56 Sequence = 4 ttl = 254 time = 1 ms

Reply from 192. 168. 1. 1：bytes = 56 Sequence = 5 ttl = 254 time = 1 ms

— 192. 168. 1. 1 ping statistics —

5 packet(s) transmitted

5 packet(s) received

0. 00% packet loss

round − trip min/avg/max = 1/1/1 ms

2.5.7　实验中相关命令及功能介绍

实验中相关命令及功能介绍见表 2 – 10。

表 2 – 10　命令列表

命令	描述
ip route − static	配置静态路由
system − view	进入系统视图下
interface	进入端口视图下
ip address	配置 IP 地址
quit	退出当前视图

【问题与思考】

如果现在有 100 个网络,有 50 个路由器,此网络的静态路由如何配置? 如果 10000 个网络,1000 台路由器又如何配置?

2.6 RIP 配置

【案例描述】

随着管理网络规模的不断扩大,你发现静态路由带来的问题越来越多,静态路由规划和配置工作量都相当大。一旦增加网络,需要重新规划路由,并增加很多的路由,缺少一跳路由就可能导致一些网络无法连通。面对这些问题,你希望找到一种解决方案避免静态路由的不足,那么你将用什么方法来自适应网络拓扑的变化,而不会过多增加你的工作量?请给出相应的解决方案。

【知识背景】

2.6.1 RIP 概述

因特网把整个互联网划分为许多较小的自治系统(Autonomous System,AS),这样因特网就把路由选择协议划分为两大类:内部网关协议和外部网关协议。

(1)内部网关协议(Interior Gateway Protocol,IGP)是指使用在一个 AS 内部的路由选择协议,各个 AS 内的路由选择协议可以相同,也可以不相同,与其他 AS 采用的路由选择协议无关,即工作在自治系统内部的路由选择协议,常采用的内部网关协议有 RIP 和 OSPF。

(2)外部网关协议(External Gateway Protocol,BGP)是指 AS 与 AS 之间进行数据传输时(两个 AS 采用的内部网关协议可能不同),把路由选择信息从一个 AS 传输到另外一个 AS 中的协议,即外部网关协议工作在自治系统与自治系统之间,常采用的外部网关协议是 BGP 的第 4 个版本(BGP – 4)。

路由信息协议(RIP)是一种分布式的基于距离矢量的动态路由选择协议,是最先得到广泛使用的内部网关协议,用于一个自治系统(AS)内的路由信息的传递,是因特网的标准协议。RIP 进行路由选择的依据是到达目的网络的距离最短,为此,RIP 协议要求网络中每一个路由器都要维护从它自己到其他每一个目的网络的距离记录。在 RIP 协议中,"距离"又称为"跳数",路由器到达直接网络的距离定义为 1,路由器到非直连网络的距离定义为每经过一个路由器则距离加 1。当网络拓扑发生变化时,为了保证每个路由器到达其他网络的距离最小,需要对路由器中的距离信息进行修改,为提高信息修改速度即网络收敛速度,RIP 限制每条路径最多只能包含 15 个路由器,即距离等于 16 时即为不可达。

RIP 共有 3 个版本,RIPv1、RIPv2 和 RIPng,其中 RIPv1 和 RIPv2 是用在 IPv4 的网络中,RIPng 是用在 IPv6 的网络中,下面对 3 个版本进行分别介绍。

RIPv1 是早期版本,是分类路由协议,采用每 30 s 发送一次更新分组,分组中不包含子网掩码信息,即不支持可变长度子网掩码 VLSM,分组采用广播的方式进行路由更新。另外,不支持身份验证,因此容易受到攻击,安全性较差。

因为 RIPv1 的一些缺陷,RIPv2 在 1994 年被提出,随后又经过更新,新版 RIPv2 是无类路由协议,引入子网掩码,支持可变长度子网掩码 VLSM 和无类别域间路由 CIDR,保留最大节点数 15 的限制。另外针对安全性的问题,RIPv2 也提供一套方法,透过加密来达到认证的效果,例如,利用 MD5 来达到认证的方法。现今的 IPv4 网络中使用的多是新版的 RIPv2。

RIPng(Routing Information Protocol next generation)主要是针对 IPv6 做一些延伸的规范,仍然采用 UDP 数据报,但端口改为 521(RIPv2 采用 520 端口)。

2.6.2 RIP 工作原理

RIP 的目的是找出到达目的网络距离最短的路由,RIP 采用的更新算法又称为距离向量算法,其基本原理就是运用矢量叠加的方式获取和计算路由信息,距离矢量路由算法基本思想是:每个路由器维护一张路由表(即一个矢量),它以网络中的每个路由器为索引,表中列出了当前已知的路由器到每个目标路由器的最佳距离以及所使用的线路。通过在邻居之间相互交换信息,路由器不断地更新它们的内部路由表。

路由表的更新方法是:路由器启动时只包含直连网络的路由信息,并且与直连网络的 metric 值为 1,然后周期性地向相邻路由器发出 RIP 请求,路由器根据接收到的 RIP 应答来更新其路由表,如果收到的路由信息的目的网络在已有表项中没有,则添加新的路由表项,并将其 metric 值加 1;如果接收到与已有表项的目的地址相同的路由信息,则分情况进行处理。

(1)若已有表项的来源端口与新表项的来源端口相同,那么用新收到的路由信息更新其路由表。

(2)若已有表项与新表项来源于不同的端口,那么比较它们的 metric 值,将 metric 值较小的一个作为自己的路由表项。

(3)若新旧表项的 metric 值相等,普遍的处理方法是保留旧的表项。

若 180 s 没有收到相邻路由器的更新请求,则把相邻路由器记为不可达,即把 metric 值设为 16。

下面通过具体的例子介绍 RIP 路由表的更新过程,路由器刚启动时,路由表中只有直连网络的路由信息,如图 2 – 20 所示。

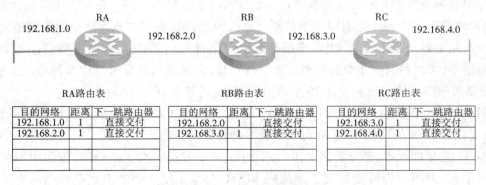

图 2 – 20　RIP 路由更新(1)

路由器会周期性(30 s 为一个周期)地向相邻路由器发送自己的路由信息,RA 收到 RB 的路由信息,RB 收到 RA 和 RC 的路由信息,RC 收到 RB 的路由信息,路由器收到相邻路由器发来的路由信息后进行相应的更新,第 1 个更新周期后的各个路由器路由信息如图 2 - 21 所示。

图 2 - 21 RIP 路由更新(2)

到第 2 个更新周期时,同样每个路由器向相邻路由器发送路由信息,RA 收到 RB 的路由信息,RB 收到 RA 和 RC 的路由信息,RC 收到 RB 的路由信息,更新后的结果如图 2 - 22 所示。

图 2 - 22 RIP 路由更新(3)

至此,可以看到每个路由器的路由表包含了到达所有网络的路由信息,当网络发生变化时,重新进行路由更新,直到完成路由更新。

RIP 协议最大的优点就是实现简单,计算开销小,适合于小型网络。也有很多缺点,主要概括为以下四点。

(1)RIP 协议规定最大距离 15,也就限制了网络规模。

(2)采用最短路径而不是最佳路径,没有考虑带宽、代价等因素。

(3)路由器之间交换的路由信息是整个路由表,随着网络规模的扩大,传输开销也急剧增加。

(4)由于坏消息传播慢,导致网络发生变化时,网络收敛时间较长。

由于 RIP 协议自身的特点:实现简单、开销小,在小型网络中,仍然多采用 RIP 协议。

【基本实验】

2.6.3 实验目的

(1)掌握 IP 地址的规划。

(2)掌握 RIP 的配置。

(3)了解 RIP 的优缺点。

2.6.4 实验内容

(1)搭建实验环境。

(2)实现 RIP 的配置。

2.6.5 实验环境

实验环境如图 2-23 所示。

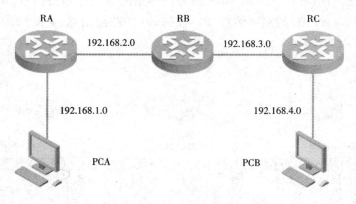

图 2-23 RIP 组网图

2.6.6 实验步骤

步骤一:规划 IP、搭建环境

依据图 2-23 所示的实验环境图,对网络中的主机和路由器各个端口进行 IP 地址规划,见表 2-11。

表 2-11 IP 规划

设备	Ethernet 0/0	Ethernet 0/1
RA	192.198. 1. 1/24	192.198. 2. 1/24
RB	192.198. 2. 2/24	192.198. 3. 1/24
RC	192.198. 3. 2/24	192.198. 4. 1/24

设备	Ethernet 0/0	Ethernet 0/1
PCA	192. 168. 1. 2/24	
PCB	192. 168. 4. 2/24	

规划好 IP 地址后,依据拓扑图及规划好的端口搭建网络环境。

步骤二:配置 IP 地址

首先把第 1 个路由器命名为 RA,并依据规划好的 IP 地址对 RA 的各个端口进行 IP 地址配置,命令如下:

< H3C > system − view

[H3C]sysname RA

[RA]interface Ethernet 0/0

[RA − Ethernet0/0]ip address 192. 168. 1. 1 24

[RA − Ethernet0/0]quit

[RA]interface Ethernet 0/1

[RA − Ethernet0/1]ip address 192. 168. 2. 1 24

然后把第 2 个路由器命名为 RB,并依据规划好的 IP 地址对 RB 的各个端口进行 IP 地址配置,命令如下:

< H3C > system − view

[H3C]sysname RB

[RB]interface Ethernet 0/0

[RB − Ethernet0/0]ip address 192. 168. 2. 2 24

[RB − Ethernet0/0]ip address 192. 168. 3. 1 24

同样对第 3 个路由器命名为 RC,并依据规划好的 IP 地址对 RC 的各个端口进行 IP 地址配置,命令如下:

< H3C > system − view

[H3C]sysname RC

[RC]interface Ethernet 0/0

[RC − Ethernet0/0]ip address 192. 168. 3. 2 24

[RC − Ethernet0/0]ip address 192. 168. 4. 1 24

步骤三:配置 RIP

首先在 RA 上开启 RIP 功能,并添加与 RA 直连的网络,命令如下:

[RA]rip

[RA − rip − 1]network 192. 168. 1. 0

[RA − rip − 1]network 192. 168. 2. 0

然后在 RB 上开启 RIP 功能,并添加与 RB 直连的网络,命令如下:

[RB]rip

〔RB – rip – 1〕network 192. 168. 2. 0

〔RB – rip – 1〕network 192. 168. 3. 0

同样在 RC 上开启 RIP 功能,并添加与 RC 直连的网络,命令如下:

〔RC〕rip

〔RC – rip – 1〕network 192. 168. 3. 0

〔RC – rip – 1〕network 192. 168. 4. 0

步骤四:查看 RIP 相关信息

完成上面配置后,查看一下配置信息,尤其是当配置完成后发现有通信故障时,经常需要查看配置信息,命令如下:

〔RA〕display rip

　　RIP process : 1

　　　RIP version : 1

　　　Preference : 100

　　　Checkzero : Enabled

　　　Default – cost : 0

　　　Summary : Enabled

　　　Hostroutes : Enabled

　　　Maximum number of balanced paths : 8

　　　Update time : 　30 sec(s)　Timeout time 　　　　: 　180 sec(s)

　　　Suppress time : 120 sec(s)　Garbage – collect time : 　120 sec(s)

　　　update output delay : 　20(ms)　output count : 　　3

　　　TRIP retransmit time : 　5 sec(s)

　　　TRIP response packets retransmit count : 　36

　　　Silent interfaces : None

　　　Default routes : Disabled

　　　Verify – source : Enabled

　　　Networks :

　　　　192. 168. 2. 0　　　　　　192. 168. 1. 0

　　　Configured peers : None

　　　Triggered updates sent : 0

　　　Number of routes changes : 0

　　　Number of replies to queries : 0

依据上面显示结果,可以看到很多信息,例如 RIP 的进程、RIP 的版本信息、代价和直连网络等信息,可以依据上面信息判定有没有配置错误。

步骤五:测试

经过上面配置,并且配置信息没有问题后,在 RC 上测试与网络 192. 168. 1. 0/24 的连通性,进一步验证配置正确性,命令如下:

［RC］ping 192. 168. 1. 1

　　PING 192. 168. 1. 1：56　　data bytes，press CTRL ＿ C to break

　　　Reply from 192. 168. 1. 1：bytes＝56 Sequence＝1 ttl＝254 time＝1 ms

　　　Reply from 192. 168. 1. 1：bytes＝56 Sequence＝2 ttl＝254 time＝1 ms

　　　Reply from 192. 168. 1. 1：bytes＝56 Sequence＝3 ttl＝254 time＝1 ms

　　　Reply from 192. 168. 1. 1：bytes＝56 Sequence＝4 ttl＝254 time＝1 ms

　　　Reply from 192. 168. 1. 1：bytes＝56 Sequence＝5 ttl＝254 time＝1 ms

　　－－－ 192. 168. 1. 1 ping statistics －－－

　　　5 packet(s) transmitted

　　　5 packet(s) received

　　　0. 00% packet loss

　　　round－trip min/avg/max ＝ 1/1/1 ms

同样在 RA 上测试与网络 192. 168. 4. 0/24 的连通性，命令如下：

［RA］ping 192. 168. 4. 1

　　PING 192. 168. 4. 1：56　　data bytes，press CTRL ＿ C to break

　　　Reply from 192. 168. 4. 1：bytes＝56 Sequence＝1 ttl＝254 time＝1 ms

　　　Reply from 192. 168. 4. 1：bytes＝56 Sequence＝2 ttl＝254 time＝1 ms

　　　Reply from 192. 168. 4. 1：bytes＝56 Sequence＝3 ttl＝254 time＝1 ms

　　　Reply from 192. 168. 4. 1：bytes＝56 Sequence＝4 ttl＝254 time＝1 ms

　　　Reply from 192. 168. 4. 1：bytes＝56 Sequence＝5 ttl＝254 time＝1 ms

　　－－－ 192. 168. 4. 1 ping statistics －－－

　　　5 packet(s) transmitted

　　　5 packet(s) received

　　　0. 00% packet loss

　　　round－trip min/avg/max ＝ 1/1/1 ms

　　上面给出的 RIP 协议的基本配置，RIP 协议还有一些可选配置，下面对其功能及配置命令进行简单介绍，有兴趣的同学可以尝试完成。

　　RIP 的其他可选配置如下。

　　配置接口工作在抑制状态，命令格式为：

　　［Router－rip－1］silent－interface ｛ all ｜ interface－type interface－number｝

　　启用水平分割功能，命令格式为：

　　［Router－Ethernet1/0］rip split－horizon

　　启用毒性逆转功能，命令格式为：

　　［Router－Ethernet1/0］rip poison－reverse

　　指定 RIP 版本，命令格式为：

〔Router－rip－1〕version ｛ 1 ｜ 2 ｝

关闭 RIPv2 自动路由聚合功能,命令格式为:

〔Router－rip－1〕undo summary

配置 RIPv2 报文的认证功能,命令格式为:

〔Router－Ethernet1/0〕rip authentication－mode ｛ md5 ｛ rfc2082 key－string key－id ｜ rfc2453 key－string ｝｜ simple password ｝

依次在 RA 上配置上述功能,配置过程如下:

〔RA〕rip

〔RA－rip－1〕network 192.168.1.0

〔RA－rip－1〕network 192.168.2.0

〔RA－rip－1〕version 2

〔RA－rip－1〕undo summary

〔RA－Serial0/0〕rip authentication－mode md5 rfc2453 abcdef

在 RB、RC 上做相同的配置,这里不再赘述,然后再进行连通性测试。

2.6.7 实验中相关命令及功能介绍

实验中相关命令及功能介绍见表 2－12。

表 2－12　命令列表

命令	描述
rip	启用 RIP 协议功能
network	添加直连网络
display rip	查看 RIP 信息
silent－interface	接口抑制
rip split－horizon	启用水平分割
rip poison－reverse	启用毒性逆转
rip authentication－mode	启用认证功能
version	指定 RIP 版本
undo summary	关闭自动路由聚合功能

【问题与思考】

如图 2－24 所示的网络拓扑图,请思考路由信息的更新过程及更新结果。如果 192.168.1.0/24 网络断开的话,请思考路由更新过程。

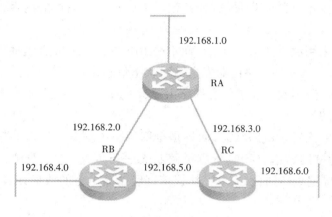

图 2 - 24　环路更新

2.7　OSPF 配置

【案例描述】

随着工作经验的积累和对网络应用的深入,你慢慢会发现 RIP 适合于小规模的网络,规模在增加 RIP 时会出现很多问题,例如最大跳数为 15 跳;网络规模扩大时,网络收敛速度慢,路由其中存储的路由表规模较大、查询速度慢、效率低;并且网络中传输的路由信息过多,造成带宽浪费,面对这一系列的问题,你迫切希望找到一种路由协议能够克服网络规模不断扩大时 RIP 协议的不足,作为一位有经验的网络技术人员,你将如何设计网络呢?

【知识背景】

2.7.1　RIP 概述

由于 RIP 协议存在网络规模的限制、非最佳路径、更新信息量大、收敛速度慢等缺陷,为避免这些缺陷,1989 年开放了另外一种内部网关协议:开放最短路径优先(Open Shortest Path First,OSPF)。OSPF 协议是开放的,路径计算采用 Dijkstra 提出的最短路径算法 SPF 实现,目前使用的有 OSPF2 和 OSPF3 两个版本,OSPF2 用在 IPv4 网络中,OSPF3 用在 IPv6 网络中。

OSPF 路由协议是一种分布式的链路状态(Link - state)的路由协议,即路由计算是基于链路状态而不是距离矢量,多用于一个自治系统 AS 内,在这个 AS 中,所有的 OSPF 路由器都维护一个相同的描述这个 AS 结构的数据库,该数据库中存储的是 AS 中相应链路的状态信息,OSPF 路由器是通过这个数据库计算出其 OSPF 路由表的。

作为一种链路状态的路由协议,OSPF 将链路状态 LSA 组播(Link State Advertisement)数据传送给在某一区域(AS)内的所有路由器,而 RIP 是将全部的路由表传递给其相邻的路由器,这样可以减少传输的信息量,减少开销。下面从发送信息的内容、发送方法、发送时机与 RIP 协议进行对比。

(1)信息交换采用洪泛法(flooding),而不是 RIP 中的广播或者组播。自治系统内的路由器通过输出端口向其相邻的路由器发送链路状态信息,每一个相邻路由器又将此信息发往其相邻的路由器(但不发给发来信息的路由器,注意同广播的区别)。RIP 只向自己的邻居发送自己的路由表。

(2)发送信息的内容是链路状态,而不是全部的路由信息。发送的信息是与路由器相邻的所有路由器的链路状态,OSPF 依据链路状态进行度量,包括费用、距离、时延和带宽等,能够更准确地描述最佳路径,而 RIP 协议依据经过路由器的数量计算最短路径,而非最佳路径。

(3)只有当链路状态发生变化时,路由器才利用洪泛法发送链路状态信息,而 RIP 是周期性地发送自己的路由表。

通过以上 3 个方面,发送链路状态是为了减少发送信息的信息量,链路状态发生变化时进行更新,进一步减少开销。

OSPF 路由器之间相互交换链路状态,随着网络规模的增加,LSA 将形成一个庞大的数据库,会给 OSPF 计算带来巨大的压力,为了能够降低 OSPF 计算的复杂程度,减少计算开销,OSPF 将网络中所有 OSPF 路由器划分成不同的区域,每个区域负责各自区域精确的 LSA 传递与路由计算,然后再将一个区域的 LSA 简化和汇总之后转发到另外一个区域,这样一来,在区域内部,拥有网络精确的 LSA,而在不同区域,则传递简化的 LSA。

2.7.2 OSPF 工作原理

OSPF 的工作过程可以概括为 4 个阶段:发现邻居、建立邻接关系、链路状态信息传递和计算路由。下面对 4 个阶段进行详细介绍。

1)发现邻居

发现邻居如图 2 - 25 所示,路由器 RA、RB 分别向自己的邻居发送 Hello 报文,当邻居收到 Hello 报文后,把信息写入表中,状态为 init,当路由器与邻居进行参数协商成功后,状态变为 2 - way,随后进入建立邻接关系状态。

2)建立邻接关系

依据所有路由器的邻居可以得到网络的拓扑结构,如图 2 - 26 所示,路由器之间是两两连接的,这样在网络结构发生变化时,需要传输的信息较多,为此采用选举 DR 和 BDR,路由器都只与 DR 和 BDR 间建立邻接关系,如图 2 - 27 所示。对于 DR 和 BDR 是选择优先级最高和次高的路由器,选举过程不做介绍,有兴趣的同学可以查看相关资料。

3)链路状态信息传递

当网络拓扑发生变化或者 30 min 周期达到时,路由器进行 LSA 更新,为减少发送信息量,路由器只发送 LSA 的摘要,RB 收到 RA 的 LSA 摘要信息后,对比分析 LSA,对 RB 不具备的 LSA,RB 向 RA 发送请求,RA 收到请求后,把 RB 不具备的 LSA 发送给 RB,RB 收到后进行确认。这个过程完成后,邻居表中的状态变为 full,如图 2 - 28 所示。

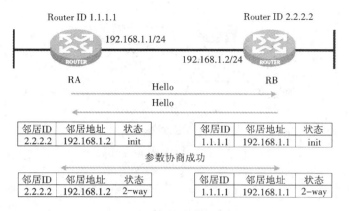

图 2 - 25　发现邻居

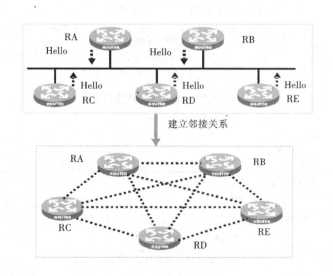

图 2 - 26　建立连接关系(1)

4)计算路由

依据链路状态数据库 LSDB,每个路由器都可以得到到其他网络的一个最小生成树,即路由器达到其他网络的最小路径。

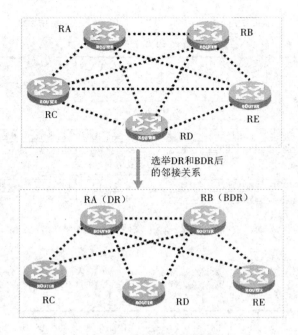

图 2 – 27　建立邻接关系(2)

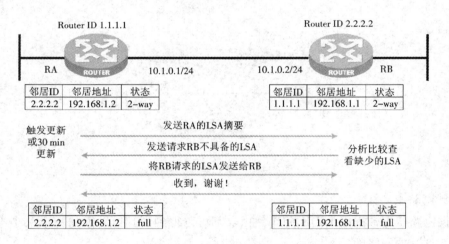

图 2 – 28　传输信息

【基本实验】

2.7.3　实验目的

(1)掌握 IP 地址的规划。

(2)掌握 OSPF 的配置。

2.7.4 实验内容

（1）搭建实验环境。

（2）实现 OSPF 的配置。

2.7.5 实验环境

实验环境如图 2 – 29、图 2 – 30 所示。

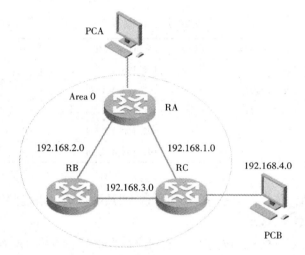

图 2 – 29 单区域 OSPF 组网图

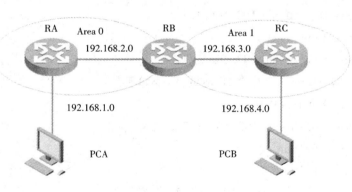

图 2 – 30 多区域 OSPF 组网图

2.7.6　实验步骤

任务一:单区域 OSPF 配置

步骤一:规划 IP、搭建环境

依据图 2 - 29 所示的实验环境图,对网络中的主机及路由器的各个端口进行 IP 地址规划,规划结果见表 2 - 13。

表 2 - 13　IP 规划表

设备	Ethernet 0/0	Ethernet 0/1	Ethernet 0/2
RA	192. 198. 1. 1/24	192. 198. 2. 1/24	192. 198. 5. 1/24
RB	192. 198. 2. 2/24	192. 198. 3. 1/24	
RC	192. 198. 3. 2/24	192. 198. 1. 2/24	192. 198. 4. 1/24
PCA		192. 168. 5. 2/24	
PCB		192. 168. 4. 2/24	

规划好 IP 地址后,依据图 2 - 29 所示的拓扑图及端口关系搭建网络环境。

步骤二:规划配置 IP 地址

依据表 2 - 13 规划好的端口及 IP 地址,对路由器 RA 上的端口配置 IP 地址,命令如下:

[RA]interface Ethernet 0/0

[RA - Ethernet0/0]ip add 192. 168. 1. 1 24

[RA]interface Ethernet 0/1

[RA - Ethernet0/1]ip add 192. 168. 2. 1 24

同样对路由器 RB 的端口配置 IP 地址,命令如下:

[RB]interface Ethernet 0/0

[RB - Ethernet0/0]ip add 192. 168. 1. 2 24

[RB - Ethernet0/0]quit

[RB]interface ethernet 0/1

[RB - Ethernet0/1]ip address 192. 168. 3. 1 24

同样对 RC 的端口配置 IP 地址,命令如下:

[RC]interface Ethernet 0/0

[RC - Ethernet0/0]ip add 192. 168. 3. 2 24

[RC - Ethernet0/0]quit

[RC]interface Ethernet 0/1

[RC - Ethernet0/1]ip add 192. 168. 2. 2 24

利用查看端口信息命令,可以查看对每个端口的配置是否正确,查看端口信息的命令是 display interface,使用该命令后显示的端口状态及配置信息如下:

［RC］display interface brief

The brief information of interface(s) under route mode：

Link：ADM - administratively down；Stby - standby

Protocol：(s) - spoofing

Interface	Link Protocol Main IP	Description
Aux0	DOWN DOWN	- -
Cellular0/0	DOWN DOWN	- -
Eth0/0	UP UP	192.168.3.2
Eth0/1	UP UP	192.168.2.2
NULL0	UP UP(s)	- -
S1/0	DOWN DOWN	- -

步骤三：配置 OSPF

完成对端口及主机的 IP 地址的配置后，接下来对路由器进行 OSPF 相关配置，对路由器 RA 进行配置，配置过程如下。

首先配置路由器 RA 的回环地址及路由器的 ID，命令如下：

［RA］interface LoopBack 0

［RA - LoopBack0］ip address 1.1.1.1 32

［RA - LoopBack0］quit

［RA］router id 1.1.1.1

然后配置 OSPF 的进程及所属区域，并添加该路由器的直连网络，命令如下：

［RA］ospf 1

［RA - ospf - 1］area 0

［RA - ospf - 1 - area - 0.0.0.0］network 192.168.1.0 0.0.0.1

［RA - ospf - 1 - area - 0.0.0.0］network 192.168.2.0 0.0.0.255

［RA - ospf - 1 - area - 0.0.0.0］network 1.1.1.1 0.0.0.0

同样对路由器 RB 进行相应的配置，命令如下：

［RB］interface LoopBack 0

［RB - LoopBack0］ip address 2.2.2.2 32

［RB］router id 2.2.2.2

［RB］ospf 1

［RB - ospf - 1］area 0

［RB - ospf - 1 - area - 0.0.0.0］network 192.168.1.0 0.0.0.255

［RB - ospf - 1 - area - 0.0.0.0］network 192.168.3.0 0.0.0.255

［RB - ospf - 1 - area - 0.0.0.0］network 2.2.2.2 0.0.0.0

对路由器 RC 的配置与路由器 RA 和 RB 相同，命令如下：

［RC］interface LoopBack 0

［RC - LoopBack0］ip address 3.3.3.3 32

〔RC – LoopBack0〕quit

〔RC〕router id 3. 3. 3. 3

〔RC〕ospf 1

〔RC – ospf – 1〕area 0

〔RC – ospf – 1 – area – 0. 0. 0. 0〕network 192. 168. 2. 0 0. 0. 0. 255

〔RC – ospf – 1 – area – 0. 0. 0. 0〕network 192. 168. 3. 0 0. 0. 0. 255

〔RC – ospf – 1 – area – 0. 0. 0. 0〕network 3. 3. 3. 3 0. 0. 0. 0

步骤四:查看 OSPF 配置信息

当网络中出现故障或者配置过程中出现错误、遗漏时,可以通过查看信息去寻找问题,下面是常见的 OSPF 查看信息的命令和显示的结果。

查看 OSPF 邻居信息,可以查看路由器 ID、地址、优先级及状态等,在 RC 上查看路由信息命令如下:

〔RC〕display ospf peer

OSPF Process 1 with Router ID 3. 3. 3. 3

Neighbor Brief Information

Area: 0. 0. 0. 0

Router ID	Address	Pri	Dead – Time	Interface	State
2. 2. 2. 2	192. 168. 3. 1	1	35	Eth0/0	Full/DR
1. 1. 1. 1	192. 168. 2. 1	1	31	Eth0/1	Full/DR

链路状态数据库是 OSPF 中很重要的一个参数,由链路状态数据库可以获得整个网络的拓扑图,因此在链路状态数据库中可以发现很多问题,下面给出的是在 RC 上使用 display ospf lsdb 命令显示的信息。

〔RC〕display ospf lsdb

OSPF Process 1 with Router ID 3. 3. 3. 3

Link State Database

Area: 0. 0. 0. 0

Type	LinkState ID	AdvRouter	Age	Len	Sequence	Metric
Router	3. 3. 3. 3	3. 3. 3. 3	216	60	80000006	0
Router	1. 1. 1. 1	1. 1. 1. 1	238	60	80000009	0
Router	2. 2. 2. 2	2. 2. 2. 2	224	60	80000007	0
Network	192. 168. 1. 1	1. 1. 1. 1	493	32	80000002	0
Network	192. 168. 2. 1	1. 1. 1. 1	238	32	80000002	0
Network	192. 168. 3. 1	2. 2. 2. 2	220	32	80000002	0

获得路由是 OSPF 的最终目的,同其他网络的连通性就看有没有路由,因此查看路由信息也是很常用的命令,可以查看能够到达的目的网络、代价、下一跳和区域等信息,下面给

出在 RC 上使用 display ospf routing 命令后显示的信息。

［RC］display ospf routing

OSPF Process 1 with Router ID 3.3.3.3
Routing Tables

Routing for Network

Destination	Cost	Type	NextHop	AdvRouter	Area
192.168.3.0/24	1	Transit	192.168.3.2	2.2.2.2	0.0.0.0
3.3.3.3/32	0	Stub	3.3.3.3	3.3.3.3	0.0.0.0
2.2.2.2/32	1	Stub	192.168.3.1	2.2.2.2	0.0.0.0
1.1.1.1/32	1	Stub	192.168.2.1	1.1.1.1	0.0.0.0
192.168.1.0/24	2	Transit	192.168.2.1	1.1.1.1	0.0.0.0
192.168.1.0/24	2	Transit	192.168.3.1	1.1.1.1	0.0.0.0
192.168.2.0/24	1	Transit	192.168.2.2	1.1.1.1	0.0.0.0

Total Nets: 7

Intra Area: 7　Inter Area: 0　ASE: 0　NSSA: 0

查看端口信息也是一个很常用的命令,在 RC 上使用 display ospf interface 命令后显示的信息如下。

［RC］display ospf interface

OSPF Process 1 with Router ID 3.3.3.3
Interfaces

Area: 0.0.0.0

IP Address	Type	State	Cost	Pri	DR	BDR
192.168.3.2	Broadcast	BDR	1	1	192.168.3.1	192.168.3.2
192.168.2.2	Broadcast	BDR	1	1	192.168.2.1	192.168.2.2
3.3.3.3	PTP	Loopback	0	1	0.0.0.0	0.0.0.0

摘要信息很全面,这里只给出命令及显示内容,有兴趣的同学可以查看相关资料,了解对应每一项的含义,显示信息如下。

［RC］display ospf brief

OSPF Process 1 with Router ID 3.3.3.3
OSPF Protocol Information

RouterID: 3. 3. 3. 3　　　　Router Type:

Route Tag: 0

Multi − VPN − Instance is not enabled

Applications Supported: MPLS Traffic − Engineering

SPF − schedule − interval: 5

LSA generation interval: 5

LSA arrival interval: 1000

Transmit pacing: Interval: 20 Count: 3

Default ASE parameters: Metric: 1 Tag: 1 Type: 2

Route Preference: 10

ASE Route Preference: 150

SPF Computation Count: 7

RFC 1583 Compatible

Graceful restart interval: 120

Area Count: 1　　Nssa Area Count: 0

ExChange/Loading Neighbors: 0

Area: 0. 0. 0. 0　　　　（MPLS TE　not enabled）

Area: 0. 0. 0. 0　　　　（MPLS TE　not enabled）

Authtype: None Area flag: Normal

SPF Scheduled Count: 7

ExChange/Loading Neighbors: 0

Interface: 192. 168. 3. 2（Ethernet0/0）

Cost: 1　　　　State: BDR　　　　Type: Broadcast　　　MTU: 1500

Priority: 1

Designated Router: 192. 168. 3. 1

Backup Designated Router: 192. 168. 3. 2

Timers: Hello 10, Dead 40, Poll　40, Retransmit 5, Transmit Delay 1

Interface: 192. 168. 2. 2（Ethernet0/1）

Cost: 1　　　　State: BDR　　　　Type: Broadcast　　　MTU: 1500

Priority: 1

Designated Router: 192. 168. 2. 1

Backup Designated Router: 192. 168. 2. 2

Timers: Hello 10, Dead 40, Poll　40, Retransmit 5, Transmit Delay 1

Interface：3.3.3.3（LoopBack0）

Cost：0 State：Loopback Type：PTP MTU：1536

Timers：Hello 10，Dead 40，Poll 40，Retransmit 5，Transmit Delay 1

查看错误信息可以查看出在路由器进行信息交换中是否存在问题，命令为 display ospf error，在 RC 上使用该命令的结果如下。

[RC]display ospf error

OSPF Process 1 with Router ID 3.3.3.3

OSPF Packet Error Statistics

0	: OSPF Router ID confusion	0	: OSPF bad packet
0	: OSPF bad version	0	: OSPF bad checksum
0	: OSPF bad area ID	0	: OSPF drop on unnumbered interface
0	: OSPF bad virtual link	0	: OSPF bad authentication type
0	: OSPF bad authentication key	0	: OSPF packet too small
0	: OSPF Neighbor state low	0	: OSPF transmit error
0	: OSPF interface down	0	: OSPF unknown neighbor
0	: HELLO：Netmask mismatch	0	: HELLO：Hello timer mismatch
0	: HELLO：Dead timer mismatch	0	: HELLO：Extern option mismatch
0	: HELLO：Neighbor unknown	0	: DD：MTU option mismatch
0	: DD：Unknown LSA type	0	: DD：Extern option mismatch
0	: LS ACK：Bad ack	0	: LS ACK：Unknown LSA type
0	: LS REQ：Empty request	0	: LS REQ：Bad request
0	: LS UPD：LSA checksum bad	0	: LS UPD：Received less recent LSA
0	: LS UPD：Unknown LSA type		

步骤五：测试

配置完成且无误后，在 RA 上测试 192.168.3.0/24 的连通性，查看网络配置功能实现情况，命令及显示结果如下：

[RA]ping 192.168.3.2

　PING 192.168.3.2：56 data bytes，press CTRL _ C to break

　　Reply from 192.168.3.2：bytes＝56 Sequence＝1 ttl＝254 time＝1 ms

　　Reply from 192.168.3.2：bytes＝56 Sequence＝2 ttl＝255 time＝1 ms

　　Reply from 192.168.3.2：bytes＝56 Sequence＝3 ttl＝255 time＝1 ms

　　Reply from 192.168.3.2：bytes＝56 Sequence＝4 ttl＝255 time＝1 ms

　　Reply from 192.168.3.2：bytes＝56 Sequence＝5 ttl＝254 time＝1 ms

－ － － 192. 168. 3. 2 ping statistics － － －

　　5 packet(s) transmitted

　　5 packet(s) received

　　0. 00% packet loss

　　round － trip min/avg/max ＝ 1/1/1 ms

在 RB 上测试 192. 168. 2. 0/24 的连通性,显示结果如下:

[RB]ping 192. 168. 2. 1

　PING 192. 168. 2. 1:56　 data bytes, press CTRL _ C to break

　　Reply from 192. 168. 2. 1:bytes ＝ 56 Sequence ＝ 1 ttl ＝ 255 time ＝ 1 ms

　　Reply from 192. 168. 2. 1:bytes ＝ 56 Sequence ＝ 2 ttl ＝ 254 time ＝ 1 ms

　　Reply from 192. 168. 2. 1:bytes ＝ 56 Sequence ＝ 3 ttl ＝ 255 time ＝ 1 ms

　　Reply from 192. 168. 2. 1:bytes ＝ 56 Sequence ＝ 4 ttl ＝ 255 time ＝ 1 ms

　　Reply from 192. 168. 2. 1:bytes ＝ 56 Sequence ＝ 5 ttl ＝ 255 time ＝ 1 ms

　－ － － 192. 168. 2. 1 ping statistics － － －

　　5 packet(s) transmitted

　　5 packet(s) received

　　0. 00% packet loss

　　round － trip min/avg/max ＝ 1/1/1 ms

在 RC 上测试 192. 168. 1. 0/24 的连通性,显示结果如下:

[RC]ping 192. 168. 1. 1

　PING 192. 168. 1. 1:56　 data bytes, press CTRL _ C to break

　　Reply from 192. 168. 1. 1:bytes ＝ 56 Sequence ＝ 1 ttl ＝ 255 time ＝ 2 ms

　　Reply from 192. 168. 1. 1:bytes ＝ 56 Sequence ＝ 2 ttl ＝ 254 time ＝ 1 ms

　　Reply from 192. 168. 1. 1:bytes ＝ 56 Sequence ＝ 3 ttl ＝ 255 time ＝ 1 ms

　　Reply from 192. 168. 1. 1:bytes ＝ 56 Sequence ＝ 4 ttl ＝ 255 time ＝ 1 ms

　　Reply from 192. 168. 1. 1:bytes ＝ 56 Sequence ＝ 5 ttl ＝ 255 time ＝ 1 ms

　－ － － 192. 168. 1. 1 ping statistics － － －

　　5 packet(s) transmitted

　　5 packet(s) received

　　0. 00% packet loss

　　round － trip min/avg/max ＝ 1/1/2 ms

任务二:OSPF 多区域配置

步骤一:规划 IP、搭建环境

依据实验网络拓扑图,对网络中的主机及路由器各个端口的 IP 地址进行规划,规划结果见表 2 – 14。

表 2 – 14 任务二规划

设备	Ethernet 0/0	Ethernet 0/1
RA	192. 198. 1. 1/24	192. 198. 2. 1/24
RB	192. 198. 2. 2/24	192. 198. 3. 1/24
RC	192. 198. 3. 2/24	192. 198. 4. 1/24
PCA	192. 168. 1. 2/24	
PCB	192. 168. 4. 2/24	

规划好 IP 地址后,依据拓扑图及规划好的 IP 地址搭建网络环境。

步骤二:配置 IP 地址

依据实验网络图及规划好的 IP 地址,对路由器 RA 上的端口进行 IP 地址配置,命令如下:

< H3C > system – view

[RB]sysname RA

[RA]interface Ethernet 0/0

[RA – Ethernet0/0]ip address 192. 168. 1. 1 24

[RA – Ethernet0/0]quit

[RA]interface Ethernet 0/1

[RA – Ethernet0/1]ip address 192. 168. 2. 1 24

同样对路由器 RB 的端口进行 IP 地址配置,命令如下:

< H3C > sys

[H3C]sysname RB

[RB]interface Ethernet 0/0

[RB – Ethernet0/0]ip address 192. 168. 2. 2 24

[RB – Ethernet0/0]quit

[RB]interface Ethernet 0/1

[RB – Ethernet0/1]ip address 192. 168. 3. 1 24

对路由器 RC 的端口的 IP 地址配置,命令如下:

< H3C > system – view

[H3C]sysname RC

[RC]interface Ethernet 0/0

[RC – Ethernet0/0]ip address 192. 168. 3. 2 24

[RC – Ethernet0/0]quit

[RC]interface ethernet 0/1

[RC – Ethernet0/1]ip address 192. 168. 4. 1 24

步骤三:OSPF 配置

完成 IP 地址的配置后,接下来对路由器进行 ID 及直连网络等配置,配置内容与任务一中的配置相同,对路由器 RA 的配置如下:

[RA]interface LoopBack 0

[RA – LoopBack0]ip add

[RA – LoopBack0]ip address 1. 1. 1. 1 32

[RA – LoopBack0]quit

[RA]ospf 1

[RA – ospf – 1]area 0

[RA – ospf – 1 – area – 0. 0. 0. 0]net

[RA – ospf – 1 – area – 0. 0. 0. 0]network 192. 168. 1. 0 0. 0. 0. 255

[RA – ospf – 1 – area – 0. 0. 0. 0]network 192. 168. 2. 0 0. 0. 0. 255

[RA – ospf – 1 – area – 0. 0. 0. 0]network 1. 1. 1. 1 0. 0. 0. 0

对路由器 RB 的配置与任务一中的配置有所区别,在任务一中路由器 RB 属于 area 0,而在这里,路由器 RB 既属于 area 0,也属于区域 area 1,添加直连网络的时候也要注意,相连的网络是属于哪个区域。对路由器 RB 的配置如下:

[RB]interface LoopBack 0

[RB – LoopBack0]ip add 2. 2. 2. 2 32

[RB – LoopBack0]quit

[RB]ospf 1

[RB – ospf – 1]area 0

[RB – ospf – 1 – area – 0. 0. 0. 0]network 192. 168. 2. 0 0. 0. 0. 255

[RB – ospf – 1 – area – 0. 0. 0. 0]network 2. 2. 2. 2 0. 0. 0. 0

[RB – ospf – 1 – area – 0. 0. 0. 0]quit

[RB – ospf – 1]area 1

[RB – ospf – 1 – area – 0. 0. 0. 1]network 192. 168. 3. 0 0. 0. 0. 255

对路由器 RC 的配置与任务一中差不多,这里路由器 RC 所属的区域是 area 1,同样添加直连的网络,命令如下:

[RC]interface LoopBack 0

[RC – LoopBack0]ip address 3. 3. 3. 3 32

[RC – LoopBack0]quit

[RC]ospf 1

[RC – ospf – 1]area 1

[RC – ospf – 1 – area – 0. 0. 0. 1]network 192. 168. 3. 0 0. 0. 0. 255

[RC – ospf – 1 – area – 0. 0. 0. 1]network 192. 168. 4. 0 0. 0. 0. 255

[RC – ospf – 1 – area – 0. 0. 0. 1]network 3. 3. 3. 3 0. 0. 0. 0

步骤四：查看信息

完成上面的配置后，在路由器 RA 上查看链路数据库信息，命令及显示结果如下：

[RA]display ospf lsdb

<pre>
              OSPF Process 1 with Router ID 1. 1. 1. 1
                    Link State Database
</pre>

<pre>
                         Area：0. 0. 0. 0
</pre>

Type	LinkState ID	AdvRouter	Age	Len	Sequence	Metric
Router	1. 1. 1. 1	1. 1. 1. 1	370	48	80000009	0
Router	2. 2. 2. 2	2. 2. 2. 2	999	48	80000005	0
Network	192. 168. 2. 1	1. 1. 1. 1	1041	32	80000002	0
Sum – Net	192. 168. 4. 0	2. 2. 2. 2	357	28	80000001	2
Sum – Net	3. 3. 3. 3	2. 2. 2. 2	478	28	80000001	1
Sum – Net	192. 168. 3. 0	2. 2. 2. 2	531	28	80000001	1

在路由器 RB 上查看相关信息，命令及结果如下：

[RB]display ospf peer　　//查看邻居信息

<pre>
              OSPF Process 1 with Router ID 2. 2. 2. 2
                    Neighbor Brief Information
</pre>

Area：0. 0. 0. 0

Router ID	Address	Pri	Dead – Time	Interface	State
1. 1. 1. 1	192. 168. 2. 1	1	32	Eth0/0	Full/DR

Area：0. 0. 0. 1

Router ID	Address	Pri	Dead – Time	Interface	State
3. 3. 3. 3	192. 168. 3. 2	1	36	Eth0/1	Full/DR

[RB]display ospf brief　　//查看摘要信息

<pre>
              OSPF Process 1 with Router ID 2. 2. 2. 2
                    OSPF Protocol Information
</pre>

RouterID：2. 2. 2. 2　　　　　Router Type：　ABR

Route Tag：0

Multi – VPN – Instance is not enabled

Applications Supported：MPLS Traffic – Engineering

SPF – schedule – interval：5

LSA generation interval：5

LSA arrival interval: 1000

Transmit pacing: Interval: 20 Count: 3

Default ASE parameters: Metric: 1 Tag: 1 Type: 2

Route Preference: 10

ASE Route Preference: 150

SPF Computation Count: 19

RFC 1583 Compatible

Graceful restart interval: 120

Area Count: 2　　Nssa Area Count: 0

ExChange/Loading Neighbors: 0

Area: 0. 0. 0. 0　　　　　(MPLS TE　not enabled)

Authtype: None Area flag: Normal

SPF Scheduled Count: 19

ExChange/Loading Neighbors: 0

Interface: 192. 168. 2. 2 (Ethernet0/0)

Cost: 1　　　　State: BDR　　　　Type: Broadcast　　MTU: 1500

Priority: 1

Designated Router: 192. 168. 2. 1

Backup Designated Router: 192. 168. 2. 2

Timers: Hello 10, Dead 40, Poll　40, Retransmit 5, Transmit Delay 1

Interface: 2. 2. 2. 2 (LoopBack0)

Cost: 0　　　　State: Loopback　　Type: PTP　　　MTU: 1536

Timers: Hello 10, Dead 40, Poll　40, Retransmit 5, Transmit Delay 1

Area: 0. 0. 0. 1　　　　　(MPLS TE　not enabled)

Authtype: None Area flag: Normal

SPF Scheduled Count: 14

ExChange/Loading Neighbors: 0

Interface: 192. 168. 3. 1 (Ethernet0/1)

Cost: 1　　　　State: BDR　　　　Type: Broadcast　　MTU: 1500

Priority: 1

Designated Router: 192. 168. 3. 2

Backup Designated Router: 192. 168. 3. 1

Timers: Hello 10, Dead 40, Poll 40, Retransmit 5, Transmit Delay 1

[RB]display ospf routing //查看路由信息

OSPF Process 1 with Router ID 2. 2. 2. 2

Routing Tables

Routing for Network

Destination	Cost	Type	NextHop	AdvRouter	Area
192. 168. 3. 0/24	1	Transit	192. 168. 3. 1	3. 3. 3. 3	0. 0. 0. 1
192. 168. 4. 0/24	2	Stub	192. 168. 3. 2	3. 3. 3. 3	0. 0. 0. 1
3. 3. 3. 3/32	1	Stub	192. 168. 3. 2	3. 3. 3. 3	0. 0. 0. 1
2. 2. 2. 2/32	0	Stub	2. 2. 2. 2	2. 2. 2. 2	0. 0. 0. 0
1. 1. 1. 1/32	1	Stub	192. 168. 2. 1	1. 1. 1. 1	0. 0. 0. 0
192. 168. 2. 0/24	1	Transit	192. 168. 2. 2	1. 1. 1. 1	0. 0. 0. 0

Total Nets: 6

Intra Area: 6　Inter Area: 0　ASE: 0　NSSA: 0

[RB]display ospf lsdb //查看链路状态数据库信息

OSPF Process 1 with Router ID 2. 2. 2. 2

Link State Database

Area: 0. 0. 0. 0

Type	LinkState ID	AdvRouter	Age	Len	Sequence	Metric
Router	1. 1. 1. 1	1. 1. 1. 1	224	48	80000009	0
Router	2. 2. 2. 2	2. 2. 2. 2	851	48	80000005	0
Network	192. 168. 2. 1	1. 1. 1. 1	895	32	80000002	0
Sum－Net	192. 168. 4. 0	2. 2. 2. 2	209	28	80000001	2
Sum－Net	3. 3. 3. 3	2. 2. 2. 2	330	28	80000001	1
Sum－Net	192. 168. 3. 0	2. 2. 2. 2	383	28	80000001	1

Area: 0. 0. 0. 1

Type	LinkState ID	AdvRouter	Age	Len	Sequence	Metric
Router	3. 3. 3. 3	3. 3. 3. 3	176	60	8000000C	0
Router	2. 2. 2. 2	2. 2. 2. 2	338	36	80000006	0
Network	192. 168. 3. 2	3. 3. 3. 3	344	32	80000001	0
Sum－Net	2. 2. 2. 2	2. 2. 2. 2	383	28	80000001	0
Sum－Net	192. 168. 2. 0	2. 2. 2. 2	383	28	80000001	

Sum – Net   1. 1. 1. 1   2. 2. 2. 2   384   28   80000001

［RB］display ospf interface   //查看接口信息

OSPF Process 1 with Router ID 2. 2. 2. 2

Interfaces

Area：0. 0. 0. 0

IP Address	Type	State	Cost	Pri	DR	BDR
192. 168. 2. 2	Broadcast	BDR	1	1	192. 168. 2. 1	192. 168. 2. 2
2. 2. 2. 2	PTP	Loopback 0		1	0. 0. 0. 0	0. 0. 0. 0

Area：0. 0. 0. 1

IP Address	Type	State	Cost	Pri	DR	BDR
192. 168. 3. 1	Broadcast	BDR	1	1	192. 168. 3. 2	192. 168. 3. 1

注意，对上面的查看的配置信息，对比与任务一中查看到的信息的区别，对比多个区域与单个区域有什么区别。

步骤五:测试

在 RA 上测试 192. 168. 4. 0/24 的连通性，命令及结果如下：

［RA］ping 192. 168. 4. 1

　PING 192. 168. 4. 1：56   data bytes, press CTRL _ C to break

　　Reply from 192. 168. 4. 1：bytes = 56 Sequence = 1 ttl = 254 time = 1 ms

　　Reply from 192. 168. 4. 1：bytes = 56 Sequence = 2 ttl = 254 time = 1 ms

　　Reply from 192. 168. 4. 1：bytes = 56 Sequence = 3 ttl = 254 time = 1 ms

　　Reply from 192. 168. 4. 1：bytes = 56 Sequence = 4 ttl = 254 time = 1 ms

　　Reply from 192. 168. 4. 1：bytes = 56 Sequence = 5 ttl = 254 time = 1 ms

　　– – – 192. 168. 4. 1 ping statistics – – –

　　5 packet(s) transmitted

　　5 packet(s) received

　　0. 00% packet loss

　　round – trip min/ avg/ max = 1/1/1 ms

在 RC 上测试同 192. 168. 1. 0/24 的连通性，命令及结果如下：

［RC］ping 192. 168. 1. 1

　PING 192. 168. 1. 1：56   data bytes, press CTRL _ C to break

　　Reply from 192. 168. 1. 1：bytes = 56 Sequence = 1 ttl = 254 time = 1 ms

　　Reply from 192. 168. 1. 1：bytes = 56 Sequence = 2 ttl = 254 time = 1 ms

　　Reply from 192. 168. 1. 1：bytes = 56 Sequence = 3 ttl = 254 time = 1 ms

　　Reply from 192. 168. 1. 1：bytes = 56 Sequence = 4 ttl = 254 time = 1 ms

Reply from 192. 168. 1. 1：bytes = 56 Sequence = 5 ttl = 254 time = 1 ms

－ － － 192. 168. 1. 1 ping statistics － － －

　　5 packet(s) transmitted

　　5 packet(s) received

　　0. 00% packet loss

　　round － trip min/avg/max ＝ 1/1/1 ms

2.7.7　实验中相关命令及功能介绍

实验中相关命令及功能介绍见表 2 － 15。

表 2 － 15　命令列表

命令	描述
［Router］ospf［ process － id ］	启用 OSPF 进程
＜ Router ＞ reset ospf ［ process － id ］	重启 OSPF 进程
［Router］router id ip － address	配置路由器 ID
［Router － ospf － 1］area area － id	配置 OSPF 区域
［Router － ospf － 1 － area － 0. 0. 0. 0］network network － address wildcard － mask	在指定端口上启用 OSPF
［Router － Ethernet0/0］ospf dr － priority priority	定义接口 OSPF 优先级
［Router － Ethernet0/0］ospf cost value	配置接口 OSPF 的 cost 值
［Router］display ospf brief	查看 OSPF 摘要信息
［Router］display ospf interface	查看 OSPF 接口信息
［Router］display ospf INTEGER ＜ 1 － 16635 ＞	查看 OSPF 进程信息
［Router］display ospf lsdb	查看链路状态信息
［Router］display ospf routing	查看 OSPF 路由信息
［Router］display ospf peer	查看邻居信息

【问题与思考】

（1）如果没有配置路由器 ID，会不会出错，为什么?

（2）给端口配置 cost 有什么作用? 请进行尝试。

3 服务器配置

3.1 DHCP 配置

【案例描述】

公司网络已经构建完成。但在日常维护过程中,网络管理员发现,由于一些员工网络知识不足,经常删除或者修改主机 IP 地址,导致 IP 地址错误或冲突,因而不能正常上网。

经常出现这种情况严重影响员工对公司网络和你个人能力的满意度,同时也大大增加了网络维护和管理的工作量。为了确保员工正常使用网络,同时有效减少你本人在 IP 配置与维护上的管理工作量,作为网络管理员,需要用合理的技术方案解决这个问题。

【知识背景】

3.1.1 基础知识

DHCP 是 Dynamic Host Configuration Protocol(动态主机配置协议)缩写,它的前身是 BOOTP。BOOTP 原本是用于无磁盘主机连接的网络上,网络主机使用的是 BOOT ROM,而不是磁盘启动,BOOTP 可以自动地为那些主机设定 TCP/IP 环境。但 BOOTP 有一个缺点:在设定前必须事先获得客户端的硬件地址,而且与 IP 的对应是静态的。换而言之,BOOTP 非常缺乏"动态性",若在有限的 IP 资源环境中,BOOTP 的一一对应会造成非常严重的资源浪费。DHCP 可以说是 BOOTP 的增强版本,它分为两个部分:一个是服务器端,而另一个是客户端。所有的 IP 网络设定数据都由 DHCP 服务器集中管理,并负责处理客户端的 DHCP 要求;而客户端则会使用从服务器分配下来的 IP 环境数据。使用 DHCP,整个计算机的配置文件都可以在一条信息中获得(除了 IP 地址,服务器还可以同时发送子网掩码、默认网关、DNS 服务器和其他的 TCP/IP 配置)。比较起 BOOTP ,DHCP 透过"租约"的概念,有效且动态地分配客户端的 TCP/IP 设定,而且,作为兼容考虑,DHCP 也完全照顾了 BOOTP Client 的需求。DHCP 的分配形式:首先,必须至少有一台 DHCP 服务器工作在该网络上,监听网络的 DHCP 请求,并与客户端磋商 TCP/IP 的设定环境。它提供如下两种 IP 分配方式。

(1)人工分配,获得的 IP 也叫作静态地址,网络管理员对网络中的计算机或网络设备设定固定 IP 地址,且地址不会过期。

(2)动态分配,当 DHCP 客户端第一次从 DHCP 服务器端租用到 IP 地址之后,并非永久地使用该地址,只要租约到期,客户端就得释放(release)这个 IP 地址,以给其他工作站使用。当然,客户端可以比其他主机更优先地更新(renew)租约,或是租用其他的 IP 地址。动态分配显然比手动分配更加灵活,尤其是当实际 IP 地址不足的时候,例如:你是一家 ISP,只能提供 200 个 IP 地址用来给拨接客户,但并不意味着你的客户最多只能有 200 个。因为要知道,客户们不可能全部同一时间上网的,除了他们各自的行为习惯的不同,也有可能是电话线路的限制。这样,就可以将这 200 个地址,轮流租用给申请的客户使用。这也是为什么当查看 IP 地址的时候,会因每次拨接而不同的原因了。(除非你申请的是一个静态 IP,ISP都可以实现这样的功能,但是需要另外收费。当然,ISP 不一定使用 DHCP 来分配地址,但这个概念和使用 IP Pool 的原理是一样的。)DHCP 除了能动态地设定 IP 地址之外,还可以将一些 IP 保留下来给一些特殊用途的机器使用,它可以按照硬件地址来固定地分配 IP 地址,这样可以给你更大的设计空间。同时,DHCP 还可以帮客户端指定 router、netmask、DNS Server 和 WINS Server 等项目,在客户端上面,除了将"自动获取 IP 地址"选项打勾之外,几乎无须做任何设定。

3.1.2 DHCP 工作原理

假设多部计算机在同一个网域当中,也就是说,DHCP Server 与它的 Clients 都在同一个网段之内,可以透过软件广播的方式来达到相互沟通的状态。那么 Client 由 DHCP Server 得到 IP 的过程如图 3 – 1 所示,具体描述如下。

(1)若 Client 端计算机设定使用 DHCP 协议以取得网络参数时,则 Client 端计算机在开机的时候,或者是重新启动网卡的时候,会自动地发出 DHCP Client 的需求给网络内的每部计算机;这个时候,由于发出的数据包希望每部计算机都可以接收,所以该数据包除了网卡的硬件地址(MAC)无法改变外,需要将该数据包的来源地址设定为 0.0.0.0 ,而目的地址则为 255.255.255.255。网络内的其他没有提供 DHCP 服务的网络设备或主机,收到这个包之后会自动地将该包丢弃而不回应。

(2)DHCP Server 响应包。如果是 DHCP Server 收到这个 Client 的 DHCP 需求时,那么 DHCP Server 首先会针对这次需求的包所携带的 MAC 与 DHCP Server 本身的设定值去比对,如果 DHCP Server 的设定有针对该 MAC 做静态 IP(每次都给予一个固定的 IP)的提供时,则提供 Client 相关的固定 IP 与相关的网络参数;而如果该包的 MAC 并不在 DHCP 主机的设定之内时,则 DHCP Server 会选取目前网络内没有使用的 IP 来发放给 Client 使用;此外,需要特别留意的是,在 DHCP 主机发放给 Client 的包当中,会附带一个"租约期限"的包,以告诉 Client,IP 可以使用的期限有多长。

(3)当 Client 收到响应的包之后,首先会以 ARP 包在网域内发出包,以确定来自 DHCP 主机发放的 IP 并没有被占用;如果该 IP 已经被占用了,那么 Client 对于这次的 DHCP 信息将不接收,而将再次向网络内发出 DHCP 的需求广播包;若该 IP 没有被占用,则 Client 可以接收 DHCP Server 所提供的网络的参数,那么这些参数将会被使用于 Client 的网络设定当中,同时, Client 也会对 DHCP Server 发出确认包,告诉 Server 这次的需求已经确认。

(4)DHCP Server 收到 Client 的确认信息,会将该信息记录下来,同时向 Client 发送确认。

当 Client 开始使用这个 DHCP Server 发放的 IP 之后,有几个情况下它可能会失去这个 IP 的使用权。

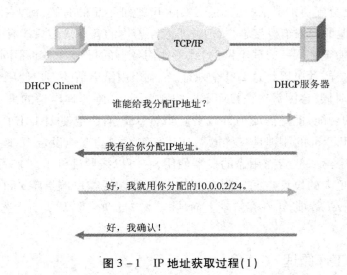

图 3-1 IP 地址获取过程(1)

Client 离线：无论是关闭网络接口、重新开机、关机等行为，皆算是离线状态，这个时候 Server 就会将该 IP 回收，并放到 Server 自己的备用区中，等待未来的使用。

Client 租约到期：前面提到 DHCP Server 端发放的 IP 有使用的期限，Client 使用这个 IP 到达期限规定的时间，就需要将 IP 缴回，这个时候就会造成断线，而 Client 也可以再向 DHCP 主机要求再次分配 IP，如图 3-2 所示。

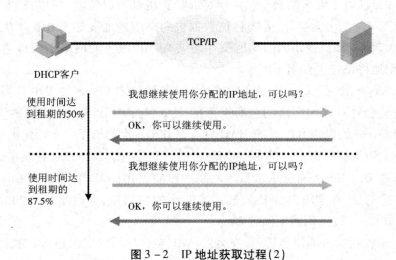

图 3-2 IP 地址获取过程(2)

租约更新的具体过程描述如下。

(1)当客户机重新启动或者是租期到达 50% 时，就需要重新更新租约，客户机直接向提供租约的服务器发送 DHCP Request 包，要求更新现有地址租约。

(2)如果 DHCP 服务器收到请求，它将发送 DHCP 确认信息给客户机，更新租约。

(3)如果客户机无法联系到服务器，客户机仍然可以使用原来的 IP 地址，一直等到租期到达 87.5% 时，它将向网络中的所有 DHCP 服务器广播 DHCP Request 包。

（4）如果 DHCP 服务器收到请求，它将发送 DHCP 确认信息给客户机，更新租约。

如果服务器仍然无法更新租约并且租约到期，客户机将放弃正在使用的 IP 地址，开始新的请求 IP 地址租约的过程。

【基本实验】

3.1.3 实验目的

（1）了解 DHCP 协议工作原理。

（2）掌握在 Windows Server 2003 上配置 DHCP 服务器。

（3）掌握在路由器上配置 DHCP 服务器。

3.1.4 实验内容

搭建实验环境，实现 DHCP 服务器的配置。

3.1.5 实验环境

实验环境如图 3 – 3 所示。

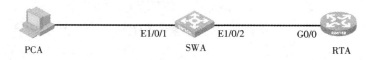

图 3 – 3　DHCP 实验组网图

3.1.6 实验步骤

步骤一：安装 DHCP 服务

通过"开始"→"所有程序"→"管理工具"→"管理您的服务器"，打开"管理您的服务器"对话框（有时直接在"所有程序"下打开"管理您的服务器"），如图 3 – 4 所示。

单击"添加或删除角色"后，配置向导会自动检测网络配置情况及安装需要的 Windows Server 2003 系统光盘，单击"下一步"按钮，打开"服务器角色"对话框，如图 3 – 5 所示，这里可以安装多个服务器角色，但是每次只能安装一个角色。选择想要安装或者删除角色，单击"下一步"按钮，如果是已经安装的角色，则进入删除界面；如果是没有安装的角色，则进入安装界面。

在安装的过程中会提示插入 Windows Server 2003 系统安装光盘，也可以指定 Windows Server 2003 安装文件在硬盘上的路径，按照提示完成安装。

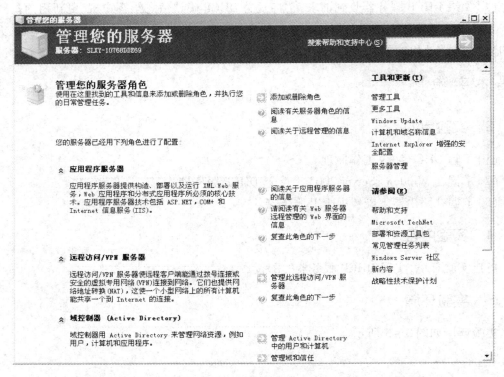

图 3 - 4　管理服务器界面

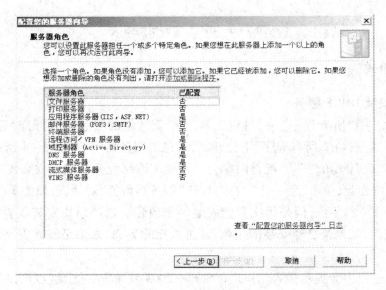

图 3 - 5　服务器角色

步骤二:配置 DHCP 服务

安装完成后,需要进行相关的配置才能为客户主机提供 IP 分配服务,例如客户主机获取的 IP 地址网段、网关和 DNS 等,下面介绍 DHCP 服务的配置过程。

（1）通过"开始"→"所有程序"→"管理工具"→"DHCP"，打开"DHCP"管理窗口，如图3-6所示。

图3-6 DHCP管理窗口

在左侧区域"slxy-…"上右击，在弹出的对话框上选择"新建作用域"，打开"新建作用域向导"，单击"下一步"按钮，输入名称和相应描述，如图3-7所示。

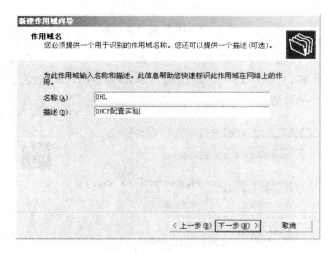

图3-7 作用域名称

（2）单击"下一步"按钮，进入"IP地址范围"配置界面，如图3-8所示，输入客户主机可以获得的IP地址的范围及子网掩码位数。

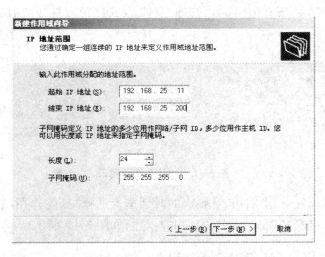

图 3 - 8　IP 地址范围配置

（3）单击"下一步"按钮,进入"添加排除"配置界面,如图 3 - 9 所示,输入上一步配置的 IP 地址范围中不让客户机获取的 IP 地址范围,如果是单个 IP 地址,只输入"起始 IP 地址"即可,然后单击"添加"按钮。

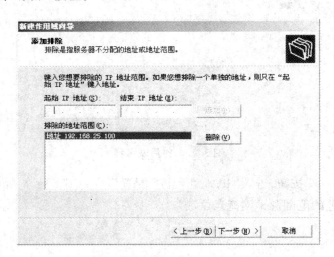

图 3 - 9　添加排除 IP 地址

（4）单击"下一步"按钮,进入"租约期限"配置界面,租约期限是指用户使用 IP 地址的期限,默认是 8 天,如果用户较多的话,期限可以短些,用户少可以长些,这里选择默认的 8 天。单击"下一步"按钮,进入"DHCP 配置选项",这些可以现在配置,也可以随后配置,这里选择"现在配置",单击"下一步"按钮,进入"路由器（默认网关）"配置界面,如图 3 - 10 所示,网关实际就是网络的出口,即与该网络连接路由器的接口 IP 地址,直接关系到该网络能否与其他网络进行通信,至关重要,这里的网关地址为 192.168.25.1,输入 IP 地址,单击"添加"按钮。

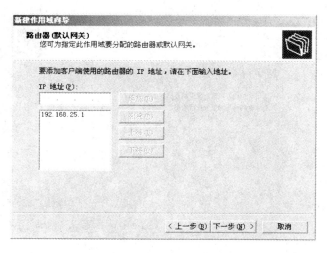

图 3 – 10　添加网关

（5）单击"下一步"按钮，进入"域名称和 DNS 服务器"配置界面，输入父域名称即服务器的名称及服务器的 IP 地址，如图 3 – 11 所示。如果这时该网络中没有配置 DNS 服务器，直接进入下一步。

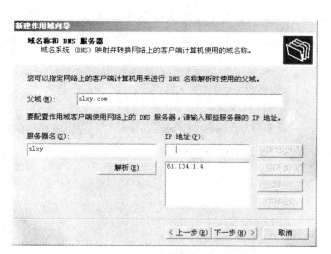

图 3 – 11　DNS 服务器配置

（6）单击"下一步"按钮，进入"WINS 服务器"配置界面，若网络中没有"WINS 服务器"，则直接进入下一步，若有则输入 WINS 服务器的名称和 IP 地址。

（7）单击"下一步"按钮，进入"激活作用域"界面，如图 3 – 12 所示，选择"是，我想现在激活此作用域"，依次单击"下一步"、"完成"按钮，完成 DHCP 配置。

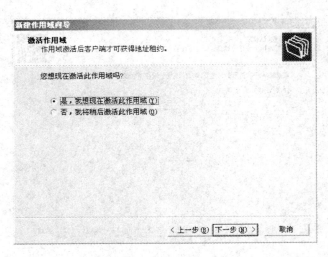

图 3 - 12　激活作用域

步骤三：客户端配置

在"网上邻居"右击选择"属性"，在打开的"网络连接"中右击"本地连接"选择"属性"，在打开的"本地连接属性"对话框中，单击"Internet 协议（TCP/IP）"，然后单击"属性"按钮或双击"Internet 协议（TCP/IP）"，打开如图 3 - 13 所示对话框，选择"自动获得 IP 地址"，DNS 服务器可以自己输入，也可以选择"自动获得 DNS 服务器地址"，然后单击"确定"按钮。

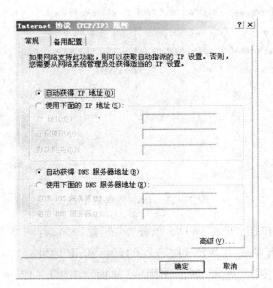

图 3 - 13　Internet 协议（ICP/IP）属性

步骤四：测试

完成上面配置后，测试 DHCP 配置是否成功，在客户端"开始"→"运行"，输入"cmd"，按【Enter】键后打开命令窗口，输入"ipconfig"后，如图 3 - 14 所示。

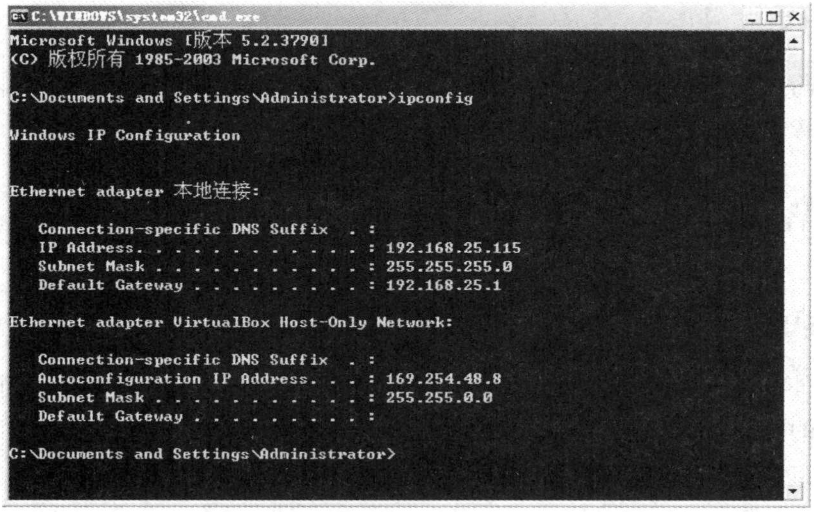

图 3 - 14　测试结果

可以看到主机获取到了 IP 地址、网关地址，但是无法看到是否获取到 DNS 服务器的 IP 地址，可以通过 ipconfig/all 命令查看更详细的信息，结果如图 3 - 15 所示。

图 3 - 15　详细信息

输入命令 ipconfig/release 可以释放获得的 IP 地址，也可以通过命令 ipconfig/renew 重新获得一个 IP 地址，请大家尝试命令，并观察结果。

【问题与思考】

现在的路由器多集成有 DHCP 功能,这样就不需要用专门的主机做 DHCP 服务器了,可以减少网络构建费用,如何在路由器上配置 DHCP 服务器呢?

3.2　Web 服务器配置

【案例描述】

为了对外宣传企业,提高企业影响力,对内发展企业文化,提高企业内部凝聚力,公司开放了自己的网站,为管理方便公司购置了服务器,公司老板要求把开放的网站在自己的服务器上发布出去,如图 3-16 所示。作为网络管理员的你如何配置这台服务器呢? 如何把网站发布出去呢?

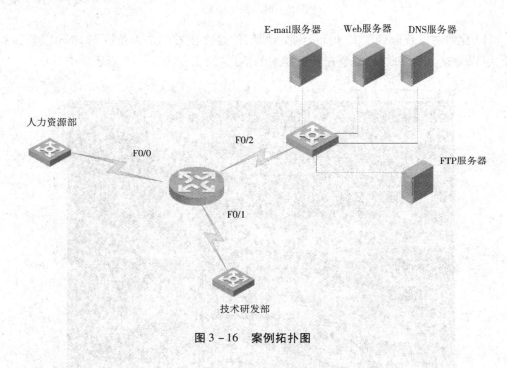

图 3-16　案例拓扑图

【知识背景】

WWW(World Wide Web)是环球信息网的缩写,又称作"Web""WWW""W3",中文名字为"万维网""环球网"等,常简称为 Web。WWW 服务分为 Web 客户端和 Web 服务器程序,WWW 可以在 Web 客户端(浏览器)访问浏览 Web 服务器上的页面。WWW 服务(3W服务)应用非常广泛,我们几乎每天都要用到这种服务,通过 WWW 服务,我们可以查看新闻、购买商品、查阅信息、听音乐、看视频等,已经成为学习、生活、工作、娱乐不可缺少的一部分。由于 WWW 服务使用的是超文本链接(HTML),所以可以很方便地从一个信息页转换到另一个信息页,最流行的 WWW 服务的程序就是微软的 IE 浏览器。

IIS(Internet Information Sever)是一个信息服务系统,主要是建立在服务器一方。服务器接收从客户端发来的请求,处理它们的请求,然后把相应的结果发送给客户机,而客户机则接收服务器发来的请求结果并进行显示。只有实现了客户机与服务器之间信息的交流与传递,Internet/Intranet 的目标才可能实现。

Windows 2003 集成了 IIS 6.0 版,这是 Windows 2003 中最主要的 Web 技术,同时也使得它成为一个功能强大的 Internet/Intranet Web 应用服务器。

IIS 6.0 版包括 Web 服务、FTP 服务、SMTP(电子邮件)服务和 NNTP(新闻组)服务。其中,Web 服务是 IIS 提供的非常有用的服务,通过配置 Web 服务,用户可以使用浏览器查看 Web 站点网页内容。Web 服务在 TCP 端口号 80 上监听客户的需求,使用超文本传输协议(Hyper Text Transfer Protocol,HTTP)传输网页内容。

WWW 的核心技术包括超文本传输协议(Hypertext Transfer Protocol,HTTP)与超文本标记语言(Hypertext Markup Language,HTML)。其中,HTTP 是 WWW 服务使用的应用层协议,用于实现 WWW 客户机与 WWW 服务器之间的通信;HTML 语言是 WWW 服务的信息组织形式,用于定义在 WWW 服务器中存储的信息格式。

HTTP 提供了访问超文本信息的功能,是 Web 客户端和 Web 服务器之间的应用层通信协议,WWW 使用 HTTP 协议传输各种超文本页面和数据。HTTP 会话过程包括 4 个步骤。

(1)建立连接:客户端的浏览器向服务端发出建立连接的请求,服务端给出响应就可以建立连接了。

(2)发送请求:客户端按照协议的要求通过连接向服务端发送自己的请求。

(3)给出应答:服务端按照客户端的要求给出应答,把结果(HTML 文件)返回给客户端。

(4)关闭连接:客户端接到应答后关闭连接。

HTML(Hyper Text Markup Language),超文本标记语言,是一种专门用于创建 Web 超文本文档的编程语言,它能告诉 Web 浏览程序如何显示 Web 文档(即网页)的信息,如何链接各种信息。使用 HTML 语言可以在其生成的文档中含有其他文档,或者含有图像、声音和视频等,从而称为超文本。

【基本实验】

3.2.1　实验目的

使用 IIS 配置 Web 服务器。

3.2.2　实验内容

(1)Web 服务器的设置。

(2)新建 Web 站点。

（3）新建 Web 虚拟目录。

3.2.3　实验环境

实验环境如图 3-17 所示。

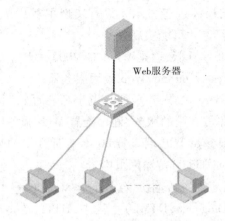

Web服务器

图 3-17　实验拓扑图

3.2.4　实验步骤

在该实验中,具体实现在本机上通过 IIS 建立 Web 服务器,然后通过其他的 PC 进行访问,比较与在本机上访问有何区别,试验中用到的拓扑图 3-17。

步骤一:服务器安装

Windows Server 2003 系统自身提供 WWW 服务,但在默认情况下 Windows Server 2003 不安装 WWW 服务,需要手动安装,安装 WWW 服务的具体步骤如下。

（1）选择“开始”→“设置”→“控制面板”→“添加/删除程序”→“添加/删除 Windows 组件”命令,在组件列表中,选中“应用程序服务器”前面的复选框,如图 3-18 所示。

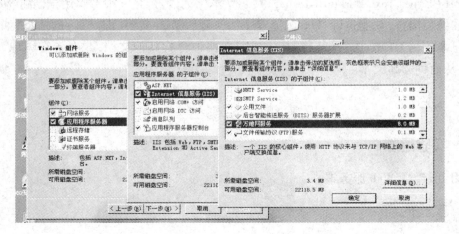

图 3-18　打开服务

（2）双击"应用程序服务器"或者单击"详细信息"按钮，在弹出的对话框中，选中"Internet 信息服务（IIS）"复选框，再双击"Internet 信息服务（IIS）"或者单击"详细信息"按钮，在弹出的对话框中，选择"万维网服务"，如图 3－18 所示。

（3）单击两个弹出对话框的"确定"按钮，最后选择"下一步"进入安装界面，在此过程中会弹出对话框，要求指定 Windows Server 2003 的光盘或者指定 I386 文件夹所在位置，然后开始安装，如图 3－19 所示。

（4）在弹出的对话框中，单击"完成"按钮，完成组件安装，如图 3－20 所示。

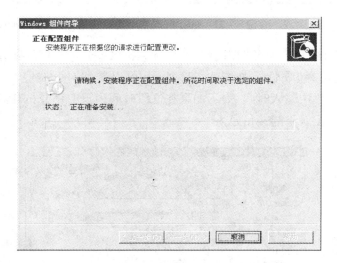

图 3－19　组件安装向导

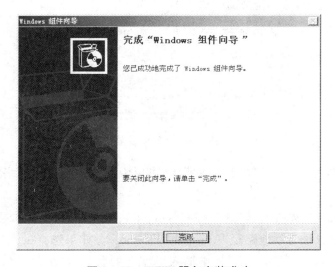

图 3－20　WWW 服务安装成功

步骤二：Web 服务器属性的设置

（1）在开始菜单中依次单击"开始"→"管理工具"→"Internet 信息服务（IIS）管理器"，如图 3－21 所示。

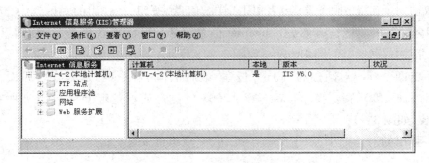

图 3 - 21　Internet 信息服务管理器

（2）打开"Internet 信息服务"控制台，双击计算机名展开可管理的服务，选中"网站"，再右击"默认网站"，选择"属性"，如图 3 - 22 所示，可以看到"网站标识"项中，其端口号为80。在"连接超时"栏中输入时间，表示如果在这段时间内没有信息的传递，则断开此连接。"启用日志记录"会记录下连接信息。

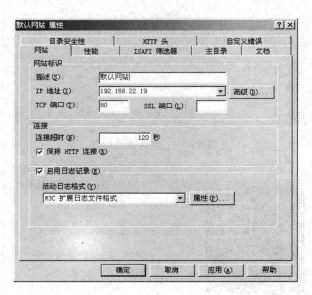

图 3 - 22　站点设置

（3）单击"性能"选项卡，如图 3 - 23 所示，可以限制网络带宽和网络连接数量，保证服务器的性能。

（4）选择"主目录"选项卡，如图 3 - 24 所示，主目录是指存储 Web 站点所有文件的位置。默认网站的主目录为本地路径"\inetpub\wwwroot"。如果选择的是"另一计算机上的共享"，则需要在打开的"网络目录"栏中输入\\服务器名\共享名。还可以将该 Web 站点的主目录设置到因特网的另一个站点位置，方法就是选取"重定向到 URL"，之后在打开的"重定向到"栏中输入另一个站点的 URL（格式为 http://域名）。另外，还可以对主目录进行访问权限设置，如读取权限或是写入权限等。

（5）选择"文档"选项卡，就可以选择是否启用默认文档，所谓默认文档就是指当浏览器

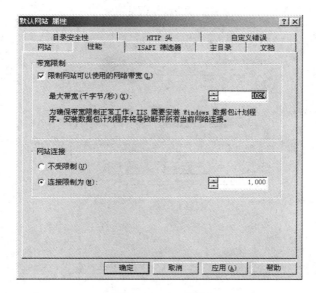

图 3 – 23　性能设置

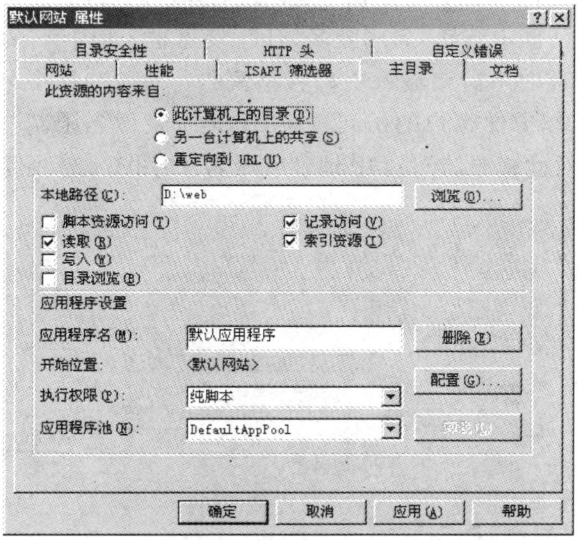

图 3 – 24　主目录选项卡设置

访问 Web 服务器时,不需要提供想要访问的文件名,只需要输入 Web 服务器的地址即可,服务器会自动将默认的文档提供给浏览器。

目前大部分 Web 站点的主页文件名都为 index. htm,所以可单击"添加"按钮,输入添加的主页文件名"index. html"(如果主页名不是这个,输入自己主页名),单击"确定"按钮即可。通过默认文档左侧的上下箭头按钮,还可以调整各个主页文件名优先使用的顺序,如图 3 – 25 所示。

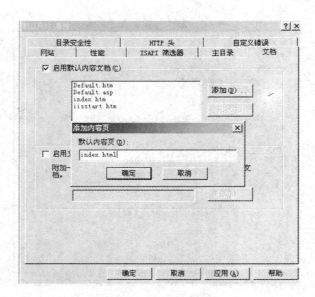

图 3 - 25　文档设置

（6）选择"目录安全性"选项卡，单击"身份验证和访问控制"中的"编辑"按钮，在弹出的"身份验证方法"对话框中选择"启用匿名访问"复选框，如图 3 - 26 所示，允许匿名访问即用户访问 Web 服务器时不需要输入用户名及密码。对于向社会公开发布的 Web 站点，一般应允许匿名访问，以方便客户的访问。在"IP 地址及域名限制"中，单击"编辑"按钮，可以设置允许或拒绝对此资源访问的 IP 地址或域名，如图 3 - 27 所示。

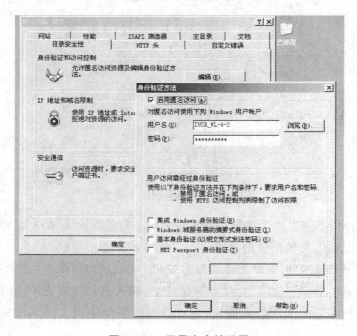

图 3 - 26　目录安全性设置

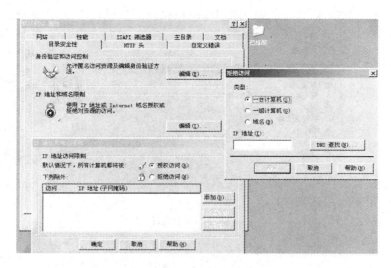

图 3-27　IP 地址访问控制

步骤三:新建网站站点

安装 Web 服务器和配置主目录文档之后,就建立了一个默认 Web 站点。在主目录中存储的文件构成了 Web 站点。但在实际工作中,往往一个服务器上存在着多个 Web 站点,例如一个公司不同部门的站点,这些站点要独立运行,互不干扰,就可以通过新建 Web 站点来实现。新建 Web 站点的步骤如下。

(1)在开始菜单中依次单击"开始"→"管理工具"→"Internet 信息服务(IIS)管理器",打开"Internet 信息服务"控制台,右击"默认 Web 站点",选择"新建"菜单项,再选择"网站"菜单命令,如图 3-28 所示。

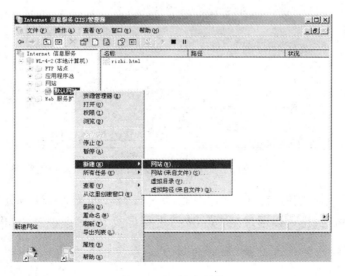

图 3-28　新建网站

(2)在打开的"欢迎使用 Web 站点创建向导"对话框中,单击"下一步"按钮,打开"网站描述"对话框,在"描述"文本框中输入关于该网站的描述,这将有助于管理员识别站点,如图 3 - 29 所示。

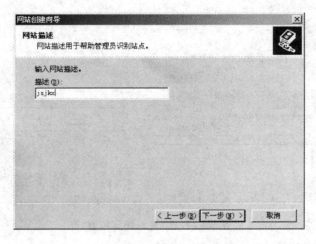

图 3 - 29　网站描述

(3)单击"下一步"按钮,打开"IP 地址和端口设置"对话框,如图 3 - 30 所示。输入该站点所对应的 IP 地址,并设置 TCP 端口号,默认 TCP 端口号为 80,一般不用修改。"此网站的主机头"名是指用户在 DNS 服务器中所登记的主机名,该项可以不输入。

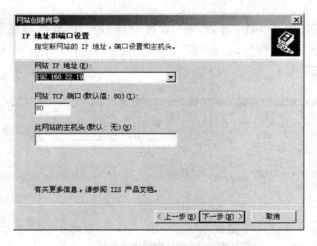

图 3 - 30　IP 地址及端口设置

(4)单击"下一步"按钮,打开"网站主目录"对话框,如图 3 - 31 所示。输入已经建好的网站主目录的路径,也可以通过"浏览"按钮进行寻找,然后选中"允许匿名访问网站"复选框。

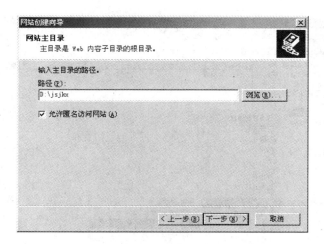

图 3 - 31　设置路径

（5）单击"下一步"按钮，打开"网站访问权限"对话框，如图 3 - 32 所示，在此设置客户访问主目录的权限，默认为用户可以读取该目录中的文件。最好不要选"写入"权限，它使得用户有更改目录中的文件的权限；而"浏览"权限也是应该控制的，该权限使用户可以看到目录中的所有文件，这给安全性带来隐患。单击"下一步"按钮，再单击"完成"按钮，完成新网站的创建。

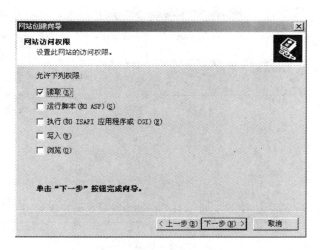

图 3 - 32　网站权限设置

步骤四：新建网站虚拟目录

（1）在开始菜单中依次单击"开始"→"管理工具"→"Internet 信息服务（IIS）管理器"，打开"Internet 信息服务"控制台，右击"默认网站"，选择"新建"→"虚拟目录"菜单命令，如图 3 - 33 所示。

（2）在打开的"虚拟目录创建向导"对话框中单击"下一步"按钮，打开"虚拟目录别名"对话框，为虚拟目录提供一个简短别名，以便快速引用，该别名将用于获得网站虚拟目录的访问权限，例如别名为 dhl，如图 3 - 34 所示。

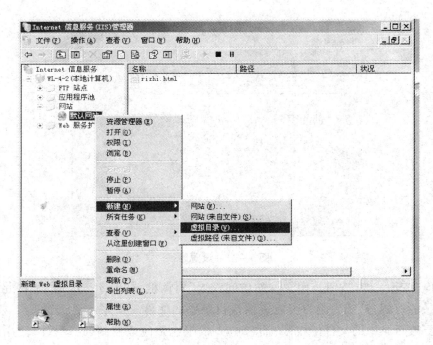

图 3 – 33　创建虚拟目录

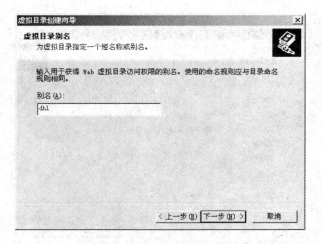

图 3 – 34　设置别名

（3）单击"下一步"按钮，打开"网站内容目录"对话框，输入包含 Web 站点内容的目录路径，同时也可以单击右侧的"浏览"按钮进行查找和输入目录路径，假设包含内容的目录路径为 C：\Inetpub\wwwroot，如图 3 – 35 所示。

（4）单击"下一步"按钮，打开"虚拟目录访问权限"对话框，如图 3 – 36 所示，默认选择是用户可以对该目录中的文件进行读取，出于安全的考虑，最好不要选择"执行""写入"以及"浏览"。

（5）单击"下一步"按钮，最后单击"完成"按钮结束创建 Web 虚拟目录。

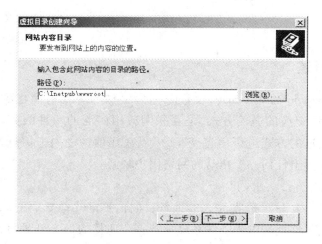

图 3-35 虚拟目录路径

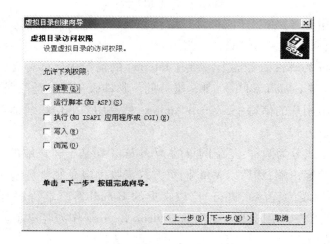

图 3-36 设置虚拟目录访问权限

到此完成了 Web 服务器的安装及配置。

3.3 E-mail 服务器配置

【案例描述】

电子邮件系统日益成为日常工作中信息交流的重要工具,微小的信息流担负着对外业务承载对内低成本、高效管理的作用,并且自主管理、稳定安全、性价比高,越来越被企事业上层管理人员所重视,上层管理人员认为企业邮箱不仅可以统一形象,彰显实力,更是企业商业往来不可或缺的沟通方式,同时可以控制邮件的分发与接收,减少客户流失和信息泄露。因此希望你在费用不太大的基础上为公司构建自己企业的邮件服务器,作为网络管理员的你如何解决这个问题呢?

【知识背景】

3.3.1　E-mail 概述

电子邮件(Electronic mail,E-mail,也被昵称为"伊妹儿"),有时也称电子邮箱,是一种用电子手段提供信息交换的通信方式,是互联网应用广泛的一种服务。通过电子邮件系统,用户可以非常快速的方式进行信息交互,可以在几秒钟之内把信息发送到世界上任何指定的目的地,与世界上任何一个角落的网络用户联系。

1)E-mail 的格式

邮寄信件时,一定要写清楚收件人的地址,同样,E-mail 像普通的邮件一样,也需要地址,区别在于它是电子地址。电子邮件系统规定一个完整的 E-mail 地址由以下两个部分组成,格式如下:

邮箱名@ 主机域名

整个邮件地址用符号"@"分开,符号"@"读作"at",表示"在"的意思。"@"的左边是邮箱名,右边是邮箱所在服务器的域名。例如×××@163.com,表示用户名为×××的邮箱在域名为 163.com 的邮件服务器上。所有 Internet 的信箱用户都有自己的一个或者几个 E-mail Address,但这些 E-mail Address 都是唯一的。邮件服务器就是根据这些地址,将每封电子邮件传送到各个用户的信箱中,E-mail Address 就是用户的信箱地址。

2)E-mail 的收发方式

E-mail 的收发方式分为两种:基于网页的 Web Mail 和基于客户端的 E-mail。Web Mail 就是使用浏览器作为客户端,然后以 Web 网页方式来收发电子邮件。基于客户端的 E-mail 的收发需要通过客户端的程序来进行,比较常见的 E-mail 客户端程序有 Outlook Express、Foxmail 等,后面的实验中采用 Office 提供的 Outlook Express 作为客户端。

3)E-mail 使用的协议

使用 E-mail 客户端程序时,需要事先配置好,其中最重要的一项就是配置接收邮件服务器和发送邮件服务器。E-mail 主要使用的协议有邮局协议 3(Post Office Protocol 3,POP3)和 SMTP 协议。

POP3 协议通常被用来接收电子邮件,使用 TCP 端口 110,服务器通过侦听 TCP 端口 110 开始 POP3 服务。当客户主机需要使用服务时,它将与服务器主机建立 TCP 连接。当连接建立后,POP3 服务器发送确认消息。客户和 POP3 服务器相互交换命令和响应,这一过程一直要持续到连接终止。

SMTP 协议通常被用来发送电子邮件,使用 TCP 端口 25。SMTP 工作在两种情况下:一是电子邮件从客户机传输到服务器,二是从某一个服务器传输到另一个服务器。SMTP 是个请求/响应协议,命令和响应都是基于 ASCII 文本,并以 CR 和 LF 符结束,响应包括一个表示返回状态的 3 位数字代码。

3.3.2 E-mail 服务工作原理

一个邮件系统应具备的 3 个主要组成构件是用户代理(User Agent,UA)、邮件服务器与电子邮件使用的协议。

邮件服务器是电子邮件系统的核心构件,Internet 上所有的 ISP 都有自己的邮件服务器。邮件服务器的功能就是发送和接收邮件,同时还要向发信人报告邮件的传送情况,如已交付、被拒绝或者丢失等。

电子邮件在发送与接收过程中都要遵循 SMTP、POP3 等协议,这些协议确保了电子邮件在各种不同系统之间的传输。其中,SMTP 负责电子邮件的发送,而 POP3 则用于接收 Internet 上的电子邮件。

电子邮件的工作过程遵循客户机/服务器模式。每份电子邮件的发送都要涉及发送方与接收方,发送方构成客户端,而接收方构成服务器,服务器含有众多用户的电子信箱。发送方通过邮件客户端程序,将编辑好的电子邮件向邮件服务器(如 SMTP 服务器)发送。邮件服务器识别接收者的地址,并向管理该地址的邮件服务器(如 POP3 服务器)发送消息。邮件服务器将消息存储在接收者的电子信箱内,并告知接收者有新邮件到来。接收者通过邮件客户端程序连接到服务器后,就会看到服务器的通知,进而可以打开自己的电子信箱来查收邮件。

通常 Internet 上的个人用户不能直接接收电子邮件,而是通过申请 ISP 主机的一个电子信箱,由 ISP 主机负责电子邮件的接收。一旦有用户的电子邮件到来,ISP 主机就将邮件移到用户的电子信箱内,并通知用户有新邮件。因此,当发送一条电子邮件给另一个客户时,电子邮件首先从用户计算机发送到 ISP 主机,之后到 Internet,再到收件人的 ISP 主机,最后到收件人的个人计算机。

ISP 主机起着"邮局"的作用,管理着众多用户的电子信箱。每个用户的电子信箱实际上就是用户所申请的用户名。每个用户的电子邮件信箱都要占用 ISP 主机一定容量的硬盘空间,由于这一空间是有限的,因此用户要定期查收和阅读电子信箱中的邮件,以便腾出空间来接收新的邮件。

电子邮件发送和接收的一般过程如图 3 - 37 所示,具体如下。

图 3 - 37 电子邮件发送和接收的一般过程

(1)当用户将 E-mail 输入到个人计算机开始发送时,计算机会将信件打包,送到用户所属的 ISP 邮件服务器(发信一般为 SMTP 邮件服务器,收信一般为 POP3 邮件服务器)上。

(2)邮件服务器根据用户注明的收信人地址,按照当前网上传输的情况,寻找一条最不拥挤的路径,将 E-mail 传到下一个邮件服务器。接着,这个服务器也按照以上方法,将

E-mail 往下传送。

（3）E-mail 被送到对方用户 ISP 的邮件服务器上,并保存在服务器上的收信人的 E-mail 信箱中,等待收信人在方便的时候进行读取。

（4）收信人在打算收信时,使用 POP3 或者 IMAP 协议,通过个人计算机与服务器的连接,从信箱中读取自己的 E-mail。

【基本实验】

3.3.3　实验目的

（1）了解 E-mail 工作原理。
（2）掌握 E-mail 服务器的配置。

3.3.4　实验内容

（1）搭建实验环境。
（2）服务器的配置。

3.3.5　实验环境

实验环境如图 3 - 38 所示。

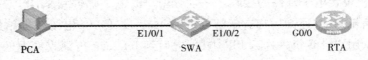

PCA　　　　　　　　　E1/0/1　SWA　E1/0/2　　　　G0/0　RTA

图 3 - 38　DHCP 实验组网图

3.3.6　实验步骤

步骤一:SMTP 服务器安装

Windows Server 2003 系统自身提供 POP3 及 SMTP 服务,但默认情况下 Windows Server 2003 不安装 SMTP 服务,需要手动安装,安装 SMTP 服务的具体步骤如下。

（1）选择"开始"→"设置"→"控制面板"→"添加/删除程序"→"添加/删除 Windows 组件"命令,在组件列表中,选中"应用程序服务器"前面的复选框,如图 3 - 39 所示。

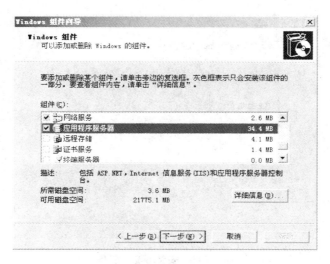

图3-39 选择应用程序服务器

（2）双击"应用程序服务器"或者单击"详细信息"按钮，在弹出的对话框中，选中"Internet 信息服务（IIS）"复选框，再双击"Internet 信息服务（IIS）"或者单击"详细信息"按钮，在弹出对话框中，选中"SMTP Service"子组件，如图3-40所示。

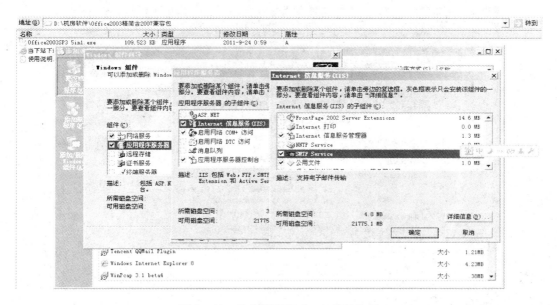

图3-40 选择"SMTP Service"复选框

（3）单击两个弹出对话框的"确定"按钮，最后选择"下一步"进入安装界面，在此过程中会弹出对话框，要求指定 Windows Server 2003 的光盘或者指定 I386 文件夹所在位置，然后开始安装，如图3-41所示。

步骤二：POP3 服务器安装

在默认情况下 Windows Server 2003 也没有安装 POP3 服务，同样需要手动安装，安装步

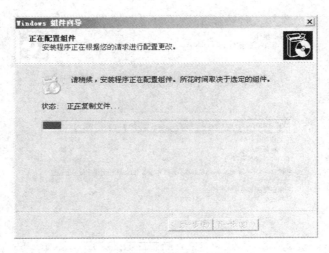

图 3 - 41　安装 SMTP 服务

骤如下。

（1）在开始菜单中依次单击"开始"→"所有程序"→"管理工具"→"管理您的服务器"，在弹出的对话框中选择"添加或删除角色"选项，如图 3 - 42 所示。

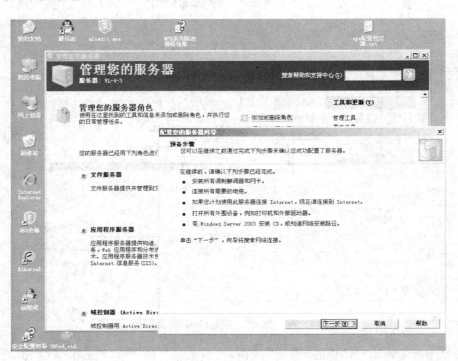

图 3 - 42　POP3 服务的配置

（2）单击"下一步"按钮，系统将会检测网络设置，如图 3 - 43 所示。

（3）网络设置无误后，会弹出如图 3 - 44 所示的对话框，选择"邮件服务器（POP3，SMTP）"选项。

（4）单击"下一步"按钮，配置服务器的邮件服务，POP3 和 SMTP 实现电子邮件的传递。

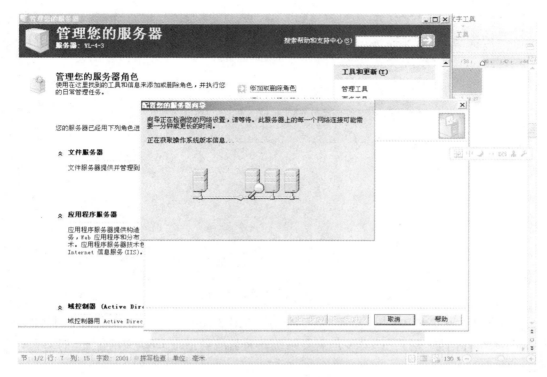

图 3 – 43　网络连接的检查

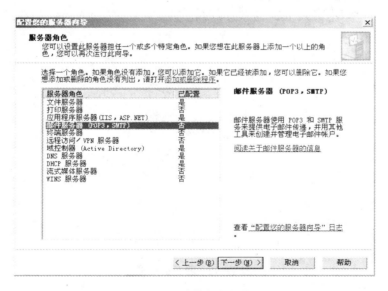

图 3 – 44　选择邮件服务器

有 3 种身份验证方法可选择,在此,选择"加密的密码文件"。在"电子邮件域名"文本框中
输入电子邮件账号中的域名(即一个电子邮箱@ 符号后面的内容),在此,输入"slxy. edu",
如图 3 – 45 所示。

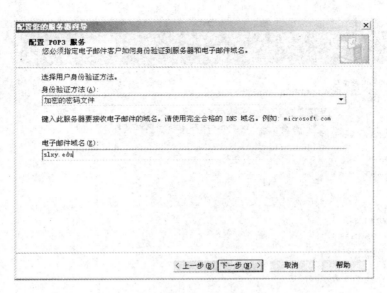

图 3 - 45　域名和验证方法的选择

（5）单击"下一步"按钮，安装 POP3 服务，如图 3 - 46 所示。在安装过程中会弹出"Windows 组件向导"对话框，安装仍需要系统安装盘或者指定 I386 文件位置，如图 3 - 47 所示。

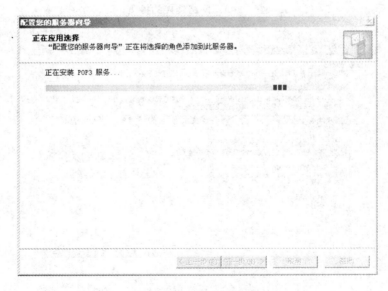

图 3 - 46　服务的配置

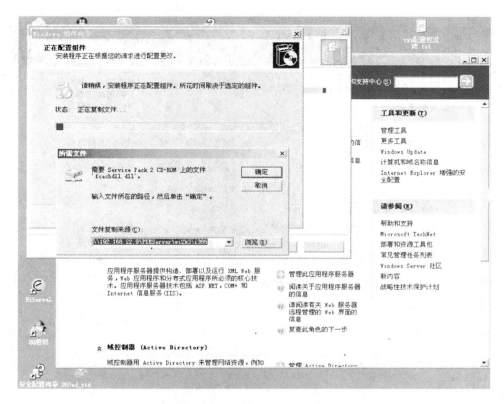

图 3 – 47　POP3 组件安装

（6）安装完成后会弹出如图 3 – 48 所示对话框，单击"完成"按钮，回到"管理您的服务器"界面，如图 3 – 39 所示，会多出"邮件服务器（POP3,SMTP）"选项。

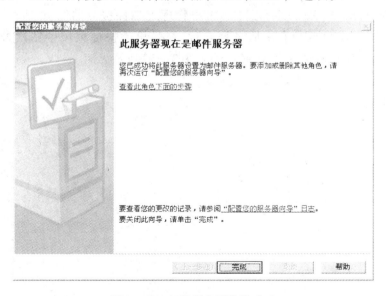

图 3 – 48　邮件服务器安装成功

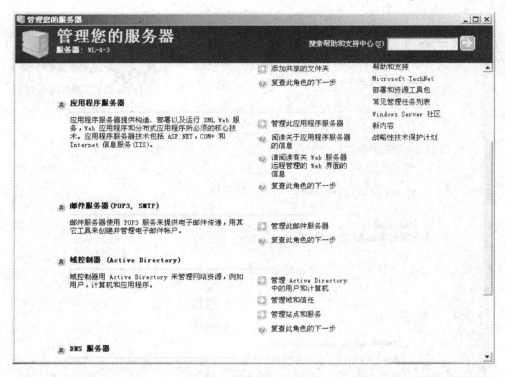

图 3 – 49　管理您的服务器

至此,邮件服务器安装完成。

步骤三:邮箱的创建

(1)依次打开"开始"→"所有程序"→"管理工具"→"管理您的服务器",在弹出对话框中选择"邮件服务器(POP3,SMTP)"栏中的"管理此邮件服务器",如图 3 – 50 所示。在"POP3 服务"控制台窗口中,右击服务器名称,在弹出的快捷菜单中依次选择"新建"→"域",也可以单击右侧区域中的"新域",弹出图 3 – 50 所示界面。

图 3 – 50　添加邮箱域

（2）在左侧区域中选中域名,右侧区域中会显示"添加邮箱",单击"添加邮箱"按钮,会弹出图 3 – 51 所示的对话框。

图 3 – 51　添加邮箱

（3）输入对应邮箱名(域名不输入)和密码,单击"确定",弹出如图 3 – 52 所示的提示信息,信箱已经添加完成,重复上述操作,可以为所有网络用户都添加一个电子信箱。

按此方法建立多个邮箱,便于配置客户端后不同用户间相互发信,便于测试。例如在此创建两个邮箱账户:dhl 和 dhl2。

步骤四:电子邮件客户端的设置

电子邮件客户端有很多,这里选择 Office 中的 Outlook Express 作为电子邮件的客户端,来编辑邮件发送、查阅邮件等,Outlook Express 作为电子邮件的客户端配置过程如下。

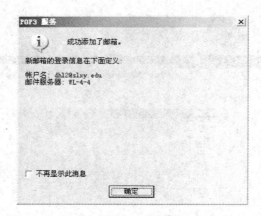

图 3 - 52　　邮箱添加成功

　　（1）打开 Outlook Express 软件，单击"工具"菜单下的"电子邮件账户"，如图 3 - 53 所示，单击"下一步"按钮弹出图 3 - 54 所示对话框。

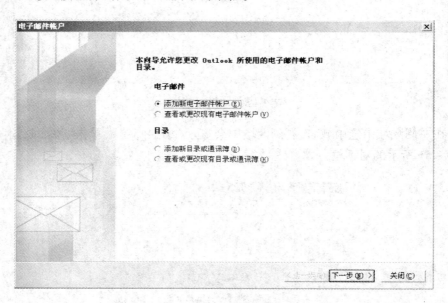

图 3 - 53　　添加邮件账户

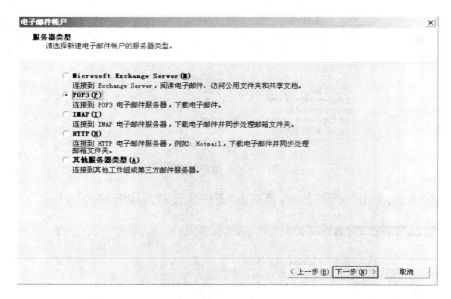

图 3 – 54 电子邮件账户

（2）选择"POP3"，单击"下一步"按钮，如图 3 – 55 所示。

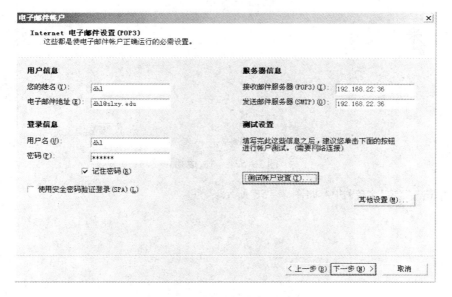

图 3 – 55 添加账户信息

（3）填写对应信息（在 POP3 服务器上已经添加的用户信息，接收和发送邮件的服务器是对应服务器的 IP 地址），然后单击"测试账户设置"按钮，弹出如图 3 – 56 所示对话框。

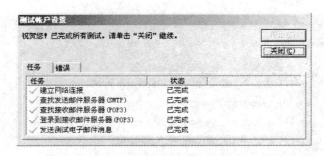

图 3 – 56　账户测试

(4)连接成功,单击"关闭"按钮,再单击"下一步"按钮,如图 3 – 57 所示。

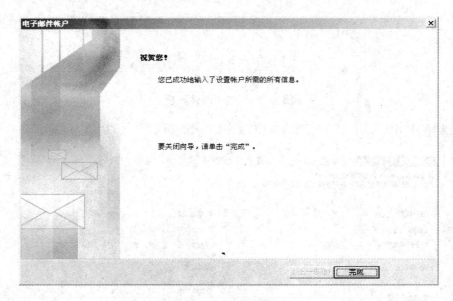

图 3 – 57　测试成功

(5)单击"完成"按钮进入如图 3 – 58 所示界面。

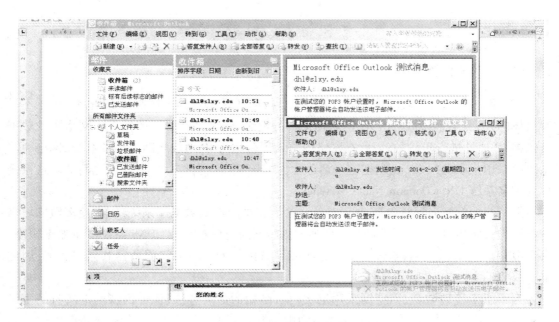

图 3 - 58　邮箱测试成功

至此,邮箱客户端与服务器连接成功。

【问题与思考】

我们使用的邮箱,每个人都有固定的空间可以使用,而本试验中没有考虑用户空间,这会导致有的用户服务器空间使用过快,服务器性能会受到不利的影响,请同学们思考如何给每个用户分配相应的空间。

提示:可以通过磁盘空间配额来实现为每个用户分配相应的空间,请同学们查询资料,自行完成用户空间的分配。

3.4　DNS 服务器配置

【案例描述】

小明把网络配置好了,测试连通性一切都正常,登录 QQ 也正常,但是网页却无法打开,查询资料后发现问题出在缺少域名解析服务器,作为网络管理员的你该如何处理呢? 如何进行 DNS 配置? DNS 服务器配置在什么位置? 怎么解决上述问题使得网络能够正常访问网站呢?

【知识背景】

3.4.1 DNS 概述

因特网中每台主机都有一个 32 位 IP 地址,即使采用点分十进制的 IP 地址,由于不具有具体的含义,不容易进行区分,但名称很容易记忆,如百度、网易、搜狐等。网络中的数据是依据 IP 地址进行传输的,因此在网络中引入了名称与 IP 地址之间转换的系统,网络命名系统中采用很多的"域",也就把这个名称称为"域名",而把域名与 IP 地址之间的转换系统称为域名系统 DNS(Domain Name System)。

因特网上的域名系统 DNS 被设计为一个联机的分布式数据库系统,DNS 使多数的域名在本地进行解析,仅有少量的域名需要通过因特网进行解析,因此 DNS 系统解析效率很高。由于 DNS 是分布式的,解析过程是由分布在因特网上的许多域名服务器共同完成的,因此单个故障不会影响解析,可靠性好。

为了便于管理域名,因特网采用层次树状结构的命名方法,保证因特网上所有的主机或路由器都有唯一的域名。层次树状结构中,域可以划分为子域,每个子域还可以继续划分为子域,因此域名空间包括根域、顶级、二级域和三级域等。

不同等级的域名之间使用点号分隔,级别最低的域名写在最左边,而级别最高的域名则写在最右边,例如:mail. 163. com,是网易邮箱服务器的域名,从右往左分别是顶级域名、二级域名、三级域名,即 com 是顶级域名,163 是二级域名,mail 是三级域名。整个因特网的域名空间如图 3 – 59 所示。

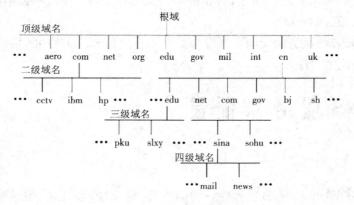

图 3 – 59   因特网域名空间

3.4.2 DNS 工作原理

DNS 系统采用客户机/服务器模型,当输入域名时,DNS 会在因特网域名服务器的数据库中查找域名对应的 IP 地址,这个查找过程又称为域名解析,根据查找的过程把域名解析分为两种:递归查询和迭代查询。递归查询的过程是:如果主机所查询域名的 IP 地址域名服务器不知道,那么本地域名服务器就以客户的身份向它的根域名服务器发出查询请求,一直到查到或者报错为止;迭代查询的过程是:如果上级域名服务器不知道本地域名服务器查询的域名对应的 IP 地址,那么就告诉本地域名服务器去找那个域名服务器,然后由主机自己向对应域名服务器发出查询请求。迭代查询和递归查询如图 3 – 60 所示。

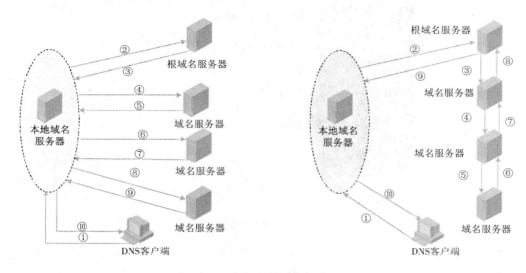

图 3 – 60 迭代查询和递归查询过程图

(a)迭代查询 (b)递归查询

由于两种查询方式各有各的优点,在实际应用中,主机向本地域名服务器的查询一般采用递归查询,而本地域名服务器向根域名服务器查询时一般采用迭代查询。

【基本实验】

3.4.3 实验目的

(1)掌握 DNS 服务器的安装、配置。

(2)理解 DNS 的作用。

(3)了解域名解析过程。

3.4.4 实验内容

在 Windows 2003 Server 上配置 DNS 服务器,并进行测试。

3.4.5 实验步骤

步骤一:安装 DNS 服务

通过"开始"→"所有程序"→"管理工具"→"管理您的服务器",打开"管理您的服务器"对话框(有时直接在"所有程序"下打开"管理您的服务器"),在服务器的角色中选择"DNS 服务器",接下来的安装与 DHCP 服务器的安装过程相似,这里不再做介绍。

步骤二:DNS 服务配置

(1)安装完成后会弹出"配置 DNS 服务器向导"对话框,如图 3 –61 所示。

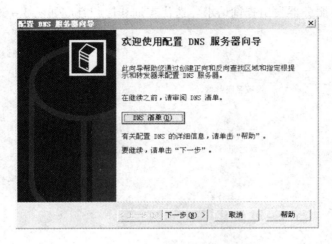

图 3 –61　DNS 配置向导

(2)单击"下一步"按钮,进入"选择配置操作"界面,依据实际网络情况进行选择,这里选择"创建正向查找区域(适合小型网络使用)"选项,如图 3 –62 所示。

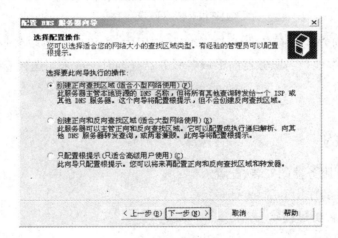

图 3 –62　选择配置操作

(3)单击"下一步"按钮,进入"主服务器位置"界面,是选择主 DNS 服务器在服务提供商 ISP 上还是在本机上,如图 3 –63 所示,这里选择"这台服务器维护该区域"选项,即这台 DNS 服务器为主 DNS 服务器。

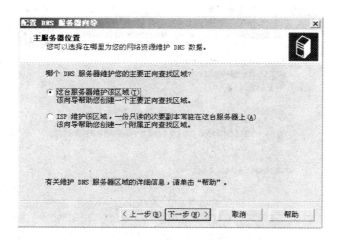

图 3 – 63 主服务器位置选择

（4）单击"下一步"按钮，在"区域名称"界面输入区域名称，这里输入的是 slxy. com，如图 3 –64 所示。

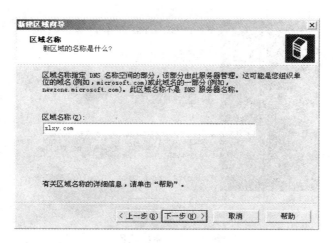

图 3 –64 区域名称界面

（5）单击"下一步"按钮，进入"动态更新"界面，选择更新方式，这里选择"只允许安全的动态更新"选项，然后单击"下一步"按钮，进入转发器配置界面如图 3 –65 所示，若选择"是"，这里的 DNS 的 IP 地址一般指服务提供商（ISP）提供的 DNS 的 IP 地址，也可以是其他区域服务提供商提供的 DNS 的 IP 地址；也可以选择"否"。

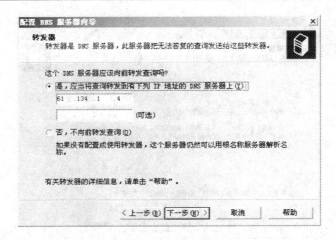

图 3-65　转发器配置

(6)单击"下一步"按钮,进入"正在完成配置 DNS 服务器向导"界面,如图 3-66 所示,单击"完成"按钮,完成配置。

图 3-66　完成配置

步骤三:创建正向查找区域

(1)选择"开始"→"程序"→"管理工具"→"DNS"选项,打开 DNS 服务器管理工具 dnsmgmt,展开树形目录下的服务器项目,如图 3-67 所示。

(2)单击"正向查找区域"的加号,然后在"slxy.com"上右击,选择"新建主机",如图 3-68 所示。

(3)选择后会弹出"新建主机"对话框,如图 3-69 所示,在"名称"文本框中输入对应的名称,多为代表本机提供的服务,在 IP 地址中输入本机的 IP 地址,然后单击"添加主机"按钮,完成创建主机。

步骤四:新建区域

(1)在"反向查找区域"上右击,选择"新建区域",如图 3-70 所示,打开"新建区域向导"对话框。

图 3-67   正向查找区域

图 3-68   新建主机

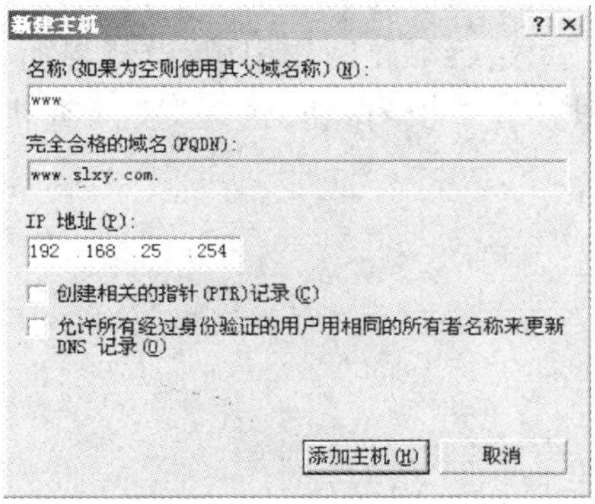

图 3-69   主机信息

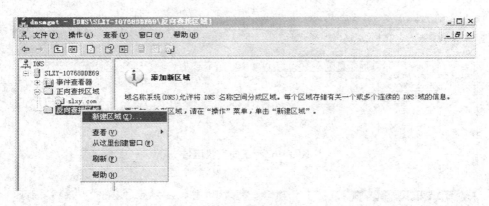

图 3 – 70　新建区域

(2)在"新建区域向导"对话框中单击"下一步"按钮,进入"区域类型"选择界面,如图 3 – 71 所示,有 3 种类型可供选择,这里 DNS 服务器作为该区域的主服务器,选择第一项"主要区域"。

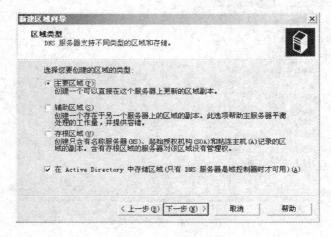

图 3 – 71　区域类型界面

(3)单击"下一步"按钮,进入"区域复制作用域"选择界面,选择如何复制区域数据,这里选择"所有域控制器",单击"下一步"按钮,进入"反向查找区域名称"配置界面,如图 3 – 72 所示。

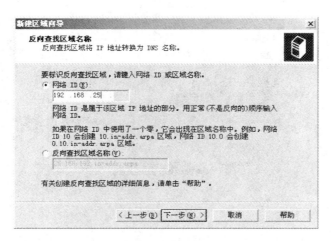

图 3-72 反向查找区域

（4）填写网络 ID 或者输入区域名称，然后单击"下一步"按钮，选择"只允许安全的动态更新"，单击"下一步"按钮，完成"反向查找区域"设置。

步骤五：新建指针

（1）在 dnsmgmt 中，在"反向查找区域"目录下的 192.168.25.x Subnet 上右击，选择"新建指针"，如图 3-73 所示。

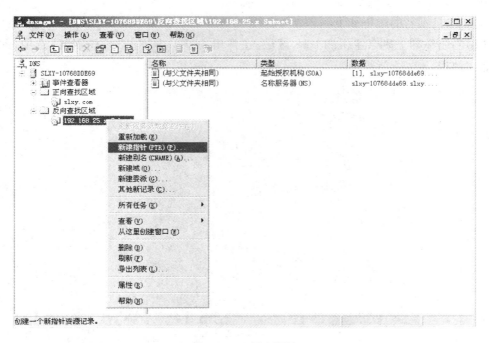

图 3-73 新建指针

（2）在弹出的对话框中输入主机号及主机的名称，如图 3-74 所示，单击"确定"按钮，完成创建指针。

图 3-74 输入主机号及主机名称

步骤六:添加主机别名

一台 IP 主机可以同时拥有多个逻辑主机名,称为别名。如一台主机同时提供 Web 服务器和 FTP 服务器功能时,为方便用户的访问,可以分别定义其别名为 www. home. com 和 ftp. home. com,它们都是指向同一 IP 地址的主机。

建立主机别名的过程如下。

(1)右击欲建立别名主机的 DNS 区域,在弹出的菜单中单击"添加别名"选项,此时出现的界面如图 3-75 所示。

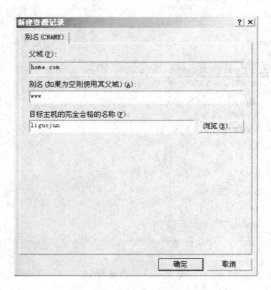

图 3-75 建立主机别名界面

(2)填写完毕后,单击"确定"按钮,即完成了该过程,此时的显示结果如图 3-76 所示。

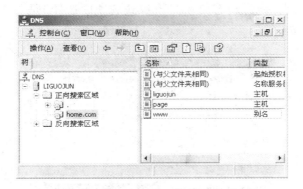

图 3 - 76　建立主机别名完成后的界面

步骤七：维护 DNS 服务

维护 DNS 服务的域名,包括前面提到的新增、删除域以及面对来自客户端各种名称的查询等。Windows Server 2003 的 DNS 服务可与 WINS 及 DHCP 的功能结合,直接在 DNS 管理工具中可以设置。

1）动态更新管理

当 DNS 服务器授权域的数据有所变动时,以前的系统中需要手动更新主要命名域名服务器上的数据库文件,但这可能会造成其他问题。Windows Server 2003 支持动态 DNS（即DDNS）的更新能力,使得服务器与客户端的网络名称都可以动态更新,但该功能需要进行相应的配置,配置过程如下。

右击欲配置的域名,选择弹出菜单的"属性"选项进入域设置,如图 3 - 77 所示。

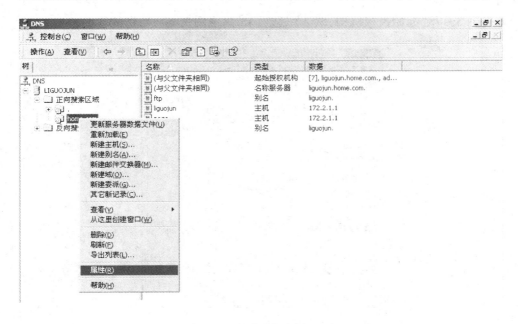

图 3 - 77　动态更新管理的设置界面

在属性对话框中,在"允许动态更新?"下拉式选项中选择"是"选项,就可以启动动态DNS的功能,如图 3 - 78 所示。

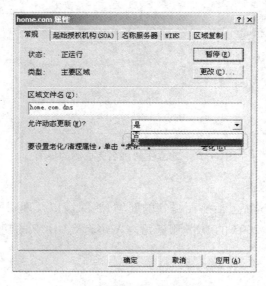

图 3 - 78   动态更新管理完成的界面

2)启动授权 SOA 的设置

SOA(Start of Authority)是用来识别域名中由哪一个命名服务器负责信息授权,在区域数据库文件中,第一条记录必须是 SOA 的设置数据,SOA 的设置数据影响名称服务器的数据保留与更新策略。

单击图 3 - 78"起始授权机构(SOA)"选项卡,出现图 3 - 79 所示的界面。

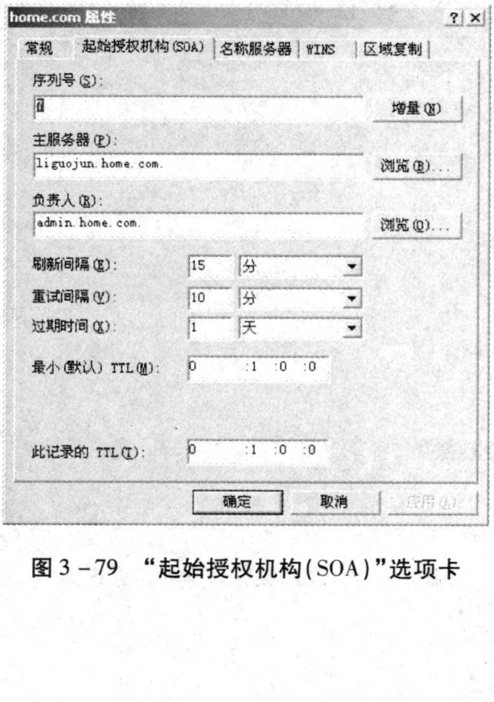

图 3 - 79   "起始授权机构(SOA)"选项卡

表 3 – 1 详细介绍了图 3 – 79 中各栏的意义。

表 3 – 1   各栏意义

序列号	当名称记录更动时,序号也就跟着增加,用以表示每次更动的序号,这样可以帮助我们辨认欲进行动态更新的机器
主要服务器	负责这个域的主要命名服务器
负责人	负责人名称后面还有个句点(.)符号,这是表示 E-mail 地址中的@ 符号
刷新间隔	这个时间代表其他名称服务器更新的频率,每当时间结束,其他的名称服务器就会来比较与上次更新时的序号是否相同,若是一样则不需要更新数据
重试间隔	假如其他名称服务器更新数据失败,或者连接失败,那么就会重试一次,通常重试间隔的时间要比重新整理的时间短
过期时间	域中的次要名称服务器在到期时间到来时,必须要与主要名称服务器更新一次数据,确保这个时间周期一定会更新数据
最小(默认)TTL	每笔域名快要取所停留在名称服务器上的时间
此记录的 TTL	客户端来查询名称,或其他名称服务器复制数据,数据留存在这些机器上的时间,此即所谓的 TTL,TTL 的设置格式为 DDDD:HH:MM:SS,默认值为 1 小时。使用较小的 TTL 值可确保跨网的域命名空间相关数据 TTL 值,虽可降低服务器的负载,但若在此期间内有某些变更,则客户端将收不到更新消息

3)名称服务器

除了在"起始授权机构(SOA)"选项卡中的主要服务器以外,其他的名称服务器,都在这里添加数据。

单击"名称服务器"选项卡,显示图 3 – 80。如果想要新建服务器名称,则可单击"添加"按钮,填上名称服务器的 IP 地址,或者在网络上有其他名称服务器时通过"浏览"按钮来寻找名称服务器。本例中不需要添加。

步骤八:客户机配置

打开"Internet 协议(TCP/IP)属性"对话框,如图 3 – 81 所示,输入 IP 地址、子网掩码、网关及 DNS,然后单击"确定"按钮。

步骤九:测试 DNS 服务运行情况

(1)单击"开始"→"程序"→"附件"→"命令提示符"选项。出现命令提示符窗口,输入 ipconfig/all 命令查看局域网的设置是否正确。如果配置没有错误,输入命令 ping www.slxy.com,即刚才配置的 DNS 服务器名称,如图 3 – 82 所示。

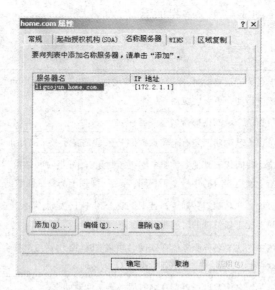

图 3 - 80　"名称服务器"选项卡界面

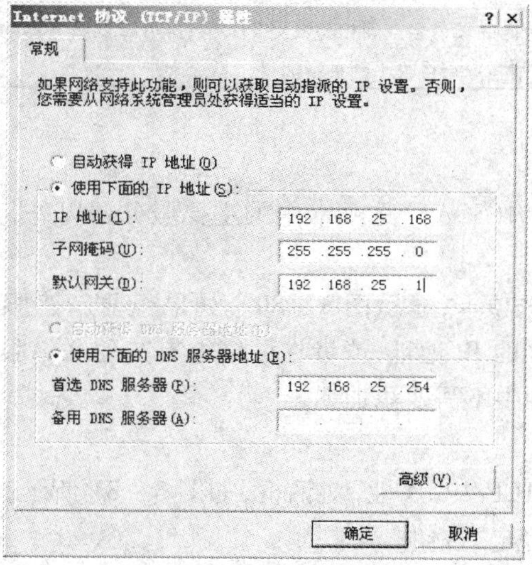

图 3 - 81　"Internet 协议(TCP/IP) 属性"对话框

依据上面结果可以看到,DNS 服务器是配置成功的,www. slxy. com 已经被转换为 IP 地址 192. 168. 25. 254,即 DNS 服务器的 IP 地址。

(2)也可以使用 nslookup 来测试名称解析是否进行正常,输入 nslookup 命令之后按下【Enter】键,可以看到服务器名称及 IP 地址,如图 3 - 83 所示。

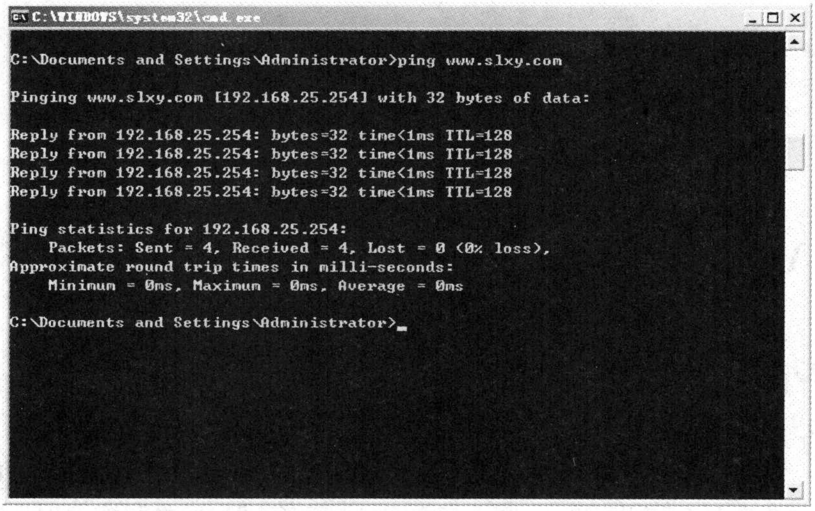

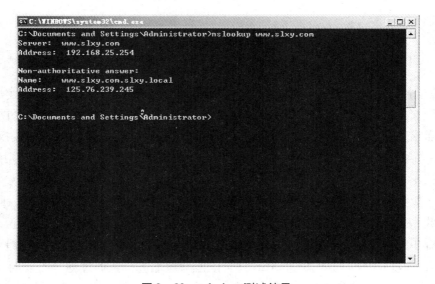

图 3 - 82　测试结果

图 3 - 83　nslookup 测试结果

【问题与思考】

简述域名解析方法及解析过程。

4 网络安全

4.1 ACL 配置

【案例描述】

小明和小强在同一个办公室,各有一台计算机,由于工作的需要,两人经常要分享一些资料,由于没有联网,经常需要到对方计算机上复制文件,并且只有一台打印机,小明经常要到小强的计算机上去打印文件,非常不方便,小明向你求助,作为网络管理员的你如何帮助他们排忧解难呢?

【知识背景】

4.1.1 ACL 概述

访问控制列表(Access Control List,ACL)是用来控制端口进出数据包的规则集合,多用在路由器和交换机的接口上,对数据流按照定义的规则进行过滤。在构建一个网络时,由于业务的需求,对各部门之间的访问控制、内外网的通信限制、某些信息访问授权等,因此需要设置一定的访问策略,使得网络通信达到用户的要求,这就是 ACL,是控制网络访问的一种网络技术手段。

ACL 主要用来限制网络数据流量及流向、提高网络性能和增强网络安全性。例如,ACL 可以根据数据包的协议,指定数据包的优先级。

目前有 3 种主要的 ACL:标准 ACL、扩展 ACL 及命名 ACL。标准的 ACL 编号范围为 1 ~ 99 以及 1300 ~ 1999 的数,标准 ACL 只能依据源地址进行数据过滤。扩展的 ACL 的编号范围为 100 ~ 199 以及 2000 ~ 2699 的数,扩展 ACL 可以依据多个属性对数据包精确过滤,例如,依据协议类型、源地址、目的地址、源端口、目的端口和优先级等。在 H3C 设备中,把用户可以配置的 ACL 分为 4 种:基本 ACL,序号取值范围为 2000 ~ 2999;高级 ACL,序号取值范围为 3000 ~ 3999;二层 ACL,序号取值范围为 4000 ~ 4999;用户自定义 ACL,序号取值范围为 5000 ~ 5999。

如何定义、使用 ACL 以及 ACL 使用的地方遵循 3 个原则,又称 3P 原则:每种协议、每个方向、每个端口。

(1)每种协议(per protocol)一个 ACL:要接口上的数据进行过滤,必须在接口上启用的每种协议相应的 ACL。

(2)每个方向(per direction)一个 ACL:一个 ACL 只能控制接口上一个方向的流量,而接口上的数据流是双向的,因此需要定义两个 ACL,一个用于控制数据流入,一个用于控制数据流出。

(3)每个接口(per interface)一个 ACL:一个 ACL 只能控制一个接口,而设备上往往是多个接口,也就需要多个 ACL。

ACL 的编写可能相当复杂而且容易出错,每个接口上都可以针对多种协议和各个方向进行定义对应的 ACL,ACL 的位置也将影响设备的性能,也遵循一个原则:尽可能在靠近数据源的接口上配置 ACL,以减少不必要的流量转发,但对于基本 ACL 和高级 ACL 的位置是有区别的,对于高级 ACL 应该在靠近被过滤源的接口上应用,以尽早阻止不必要的流量进入网络;对于基本 ACL,若过于靠近被过滤源可能阻止该源的合法访问,应在不影响其他合法访问的前提下,尽可能地使 ACL 靠近被过滤的源。

4.1.2　ACL 工作原理

数据包到达接口的动作有两种:进和出,对数据包的操作也有两种:通过和丢弃,主要是通过与每条规则进行匹配,决定是丢弃还是通过,具体流程如图 4-1 所示。

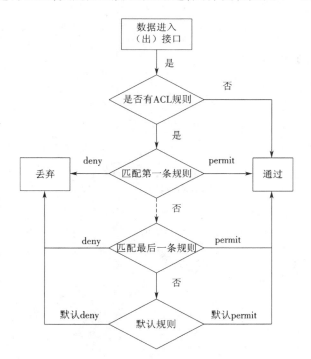

图 4-1　ACL 工作原理示意

当数据包进入路由器或交换机的接口时,首先看看该接口有没有设 ACL 规则,若没有设规则,则数据包通过;否则,与第一条规则的协议类型、源地址、目的地址、源端口、目的端口和时间段等属性进行对比,看数据包与规则中的是否一致,若一致则依据规则中的 deny 或者 permit 对数据包进行处理,算法结束,否则,与下一条规则进行对比。重复上面过程直到查看完所有的规则,若没有匹配的规则,则依据默认规则对数据包进行处理。

在网络设备上配置 ACL 规则大致可以分为下面几个步骤。

（1）启动设备的包过滤（就是防火墙）功能，并设置默认的过滤规则。

（2）根据业务需要进行规划，规划所需要的 ACL。

（3）依据规划创建相应的规则，包括匹配条件和操作（permit/deny）。

（4）在路由器或交换机的接口上应用 ACL，并指明过滤报文的方向（入站/出站）。

可以看到上面过程是依据 3P 原则的，第 3 步定义规则，并确定规则的匹配条件和匹配后对数据的操作；第 4 步在应用规则的时候确定应用在哪个端口的哪个方向。

【基本实验】

4.1.3　实验目的

（1）理解 ACL 的工作原理。

（2）掌握基本 ACL、高级 ACL 的配置方法。

4.1.4　实验内容

（1）搭建实验环境。

（2）依据需求规划 ACL。

（3）配置 ACL。

4.1.5　实验环境

实验环境如图 4－2 所示。

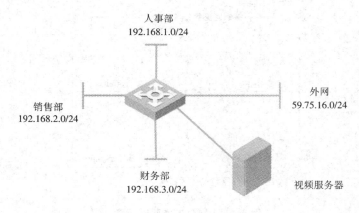

图 4－2　ACL 配置组网图

组网要求：

（1）在上班时间（周一到周五的 8：00—18：00）不允许访问外网；

（2）人事部上班时间（周一到周五的 8：00—18：00）不能访问财务部；

（3）人事部、销售部、财务部在不同的广播域，但相互之间可以相互通信；

（4）销售部不能访问视频服务器。

4.1.6 实验步骤

步骤一：依据需求进行规划

核心交换机的规划见表 4 - 1。

表 4 - 1 地址规划

部门	连接端口	VLAN ID	地址
人事部	GigabitEthernet 1/0/1	10	192. 168. 1. 0/24
销售部	GigabitEthernet 1/0/2	20	192. 168. 2. 0/24
财务部	GigabitEthernet 1/0/3	30	192. 168. 3. 0/24
视频服务器	GigabitEthernet 1/0/4	40	192. 168. 4. 0/24
外网	GigabitEthernet 1/0/5		192. 168. 5. 0/24

VLAN 接口规划见表 4 - 2。

表 4 - 2 VLAN 规划

VLAN 接口	VLAN ID	地址
Vlan – interface10	10	192. 168. 1. 1/24
Vlan – interface20	20	192. 168. 2. 1/24
Vlan – interface30	30	192. 168. 3. 1/24
Vlan – interface40	40	192. 168. 4. 1/24

ACL 规划如下。

上班时间不允许访问外网，应配置一条规则，应用到接口 GigabitEthernet 1/0/5 的出口上；人事部上班时间不能访问财务部，定义规则应用到接口 GigabitEthernet 1/0/1 的入口上；销售部不能访问视频服务器，定义规则应用到接口 GigabitEthernet 1/0/2 的入口上。

步骤二：配置交换机

划分 VLAN，并把对应端口加入到相应的 VLAN 中。

< H3C > sys

[H3C] sys S1

[S1] vlan 10

[S1 – vlan10] port GigabitEthernet 1/0/1

[S1 – vlan10] quit

[S1] vlan 20

[S1 – vlan20] port GigabitEthernet 1/0/2

[S1 – vlan20] vlan 30

[S1 – vlan30] port GigabitEthernet 1/0/3

［S1 – vlan30］quit

［S1］vlan 40

［S1 – vlan40］port GigabitEthernet 1/0/4

对每个 VLAN 设置 IP 地址,作为对应网络的网关。

［S1］interface vlan 10

［S1 – Vlan – interface10］ip add 192. 168. 1. 1 24

［S1 – Vlan – interface10］undo shutdown

［S1 – Vlan – interface10］quit

［S1］interface vlan 20

［S1 – Vlan – interface20］

［S1 – Vlan – interface20］ip address 192. 168. 2. 1 24

［S1 – Vlan – interface20］undo shutdown

［S1 – Vlan – interface20］quit

［S1］interface vlan 30

［S1 – Vlan – interface30］ip address 192. 168. 3. 1 24

［S1 – Vlan – interface30］undo shutdown

［S1 – Vlan – interface30］quit

［S1］interface vlan 40

［S1 – Vlan – interface40］ip address 192. 168. 4. 1 24

［S1 – Vlan – interface40］undo shutdown

［S1 – Vlan – interface40］quit

在进行上面步骤的时候会出现下面提示信息,意思是 VLAN 10 的接口物理接口状态由 DOWN 变为 UP,协议接口也由 DOWN 变为 UP。

［S1 – Vlan – interface10］% Aug 22 22:22:30:091 2015 S1 IFNET/3/PHY ＿ UPDOWN: Physical state on the interface Vlan – interface10 changed to up.

% Aug 22 22:22:30:094 2015 S1 IFNET/5/LINK ＿ UPDOWN: Line protocol state on the interface Vlan – interface10 changed to up.

在完成上面配置后,在 PCA 上测试与其他主机的连通性,结果如下所示:

［PCA］ping 192. 168. 2. 2

Ping 192. 168. 2. 2 (192. 168. 2. 2): 56 data bytes, press CTRL ＿ C to break

Request time out

Request time out

Request time out

Request time out

Request time out

– – – Ping statistics for 192. 168. 2. 2 – – –

5 packets transmitted, 0 packets received, 100. 0% packet loss

［PCA］% Aug 22 22:29:59:185 2015 PCA PING/6/PING ＿ STATISTICS：Ping statistics for 192.168.2.2：5 packets transmitted，0 packets received，100.0% packet loss.

可以看到是不通的,这个很明显,首先它们在不同的 VLAN 中,其次在不同的网络中,为了各个主机之间可以通信,需要开启交换机的路由功能。

［S1］rip 1

［S1 – rip – 1］network 192.168.1.0 0.0.0.255

［S1 – rip – 1］network 192.168.2.0 0.0.0.255

［S1 – rip – 1］network 192.168.3.0 0.0.0.255

［S1 – rip – 1］network 192.168.4.0 0.0.0.255

进行主机之间连通性的测试,结果如下:

［PCA］ping 192.168.2.2

Ping 192.168.2.2（192.168.2.2）：56 data bytes，press CTRL ＿ C to break

56 bytes from 192.168.2.2：icmp ＿ seq ＝0 ttl ＝254 time ＝2.000 ms

56 bytes from 192.168.2.2：icmp ＿ seq ＝1 ttl ＝254 time ＝2.000 ms

56 bytes from 192.168.2.2：icmp ＿ seq ＝2 ttl ＝254 time ＝1.000 ms

56 bytes from 192.168.2.2：icmp ＿ seq ＝3 ttl ＝254 time ＝1.000 ms

56 bytes from 192.168.2.2：icmp ＿ seq ＝4 ttl ＝254 time ＝1.000 ms

－ － － Ping statistics for 192.168.2.2 － － －

5 packets transmitted，5 packets received，0.0% packet loss

round – trip min/avg/max/std – dev ＝ 1.000/1.400/2.000/0.490 ms

［PCA］% Aug 22 23:13:14:110 2015 PCA PING/6/PING ＿ STATISTICS：Ping statistics for 192.168.2.2：5 packets transmitted，5 packets received，0.0% packet loss，round – trip min/avg/max/std – dev ＝ 1.000/1.400/2.000/0.490 ms.

与其他主机之间也同样的结果,这时可以看到,主机之间是连通的,那么下面进行 ACL 配置,使得主机之间的通信按照我们的要求进行。

步骤三:配置 ACL

首先开启包过滤功能,并定义默认规则。

［S1］firewall enable

［S1］firewall default　permit

定义周一至周五 8:00 到 18:00 的时间段。

［S1］time – range timeacl 8:00 to 18:00 working – day

配置在 8:00 到 18:00 之间不允许上互联网,首先定义规则:

［S1］acl basic 2000

［S1 – acl – ipv4 – basic – 2000］rule 1 deny source any time – range timeacl

然后把规则绑定到对应端口,即绑定到与外网相连的端口上。

［S1］interface GigabitEthernet 5/0

[S1 − GigabitEthernet5/0]packet − filter 2000 outbound

配置人事部之间上班期间不能访问财务部。

[S1]acl advanced 3005

[S1 − acl − ipv4 − adv − 3005]rule 1 deny ip source 192.168.1.0 0.0.0.255 destination 192.168.3.0 0.0.0.255 time − range timeacl

[S1]interface gig 1/0/1

[S1 − GigabitEthernet1/0/1]packet − filter 3005 inbound

配置销售部主机不能访问视频服务器。

[S1]acl advanced 3010

[S1 − acl − ipv4 − adv − 3010]rule 1 deny ip source 192.168.2.0 0.0.0.255 destination 192.168.4.10 0.0.0.255

[S1]interface gig 1/0/2

[S1 − GigabitEthernet1/0/2]packet − filter 3010 inbound

注意,一个 acl 中可以配置多条规则,这里为了介绍方便,里面只有一条规则。因此上面两条 ACL 可以写成如下:

[S1]acl advanced 3005

[S1 − acl − ipv4 − adv − 3005]rule 1 deny ip source 192.168.1.0 0.0.0.255 destination 192.168.3.0 0.0.0.255

S1 − acl − ipv4 − adv − 3005]rule 2 deny ip source 192.168.1.0 0.0.0.255 destination 192.168.4.10 0.0.0.255

[S1]interface gig 1/0/1

[S1 − GigabitEthernet1/0/1]packet − filter 3005 inbound

步骤四:测试

测试同外网的连通性的时候注意时间段,如果时间段不在限制范围的时候,可以修改系统时间,然后再进行测试,修改系统时间的命令为:

<S1>clock datetime （hh:mm:ss）

测试的结果是不通的,这里不再给出显示结果。

4.1.7 实验中相关命令及功能介绍

实验中相关命令及功能介绍见表 4 − 3。

表 4 − 3　命令列表

命令	描述
acl basic	定义一条基本 ACL
acl advanced	定义高级 ACL
firewall enable	开启包过滤功能

续表

命令	描述
firewall default｜permit｜deny｜	定义默认规则
rule［rule − id］｛deny｜permit｜ ［fragment｜logging｜source｜sour − addr sour − wildcard｜any｝｜time − range time − name］	定义一条规则

【问题与思考】

主机可以访问外网,外网不能访问内网主机,但是可以访问内网的服务器,该如何定义规则,该规则应用到哪个接口呢?

4.2　NAT 的配置

【案例描述】

某公司要组建一个自己的网络,该公司的主机数量约 200 台,为了减少费用公司只申请了 10 个公网 IP 地址,要求公司所有主机都能够访问公网,作为网络管理员的你如何解决 IP 地址不足的问题呢? 你将如何设计该网络呢?

【知识背景】

4.2.1　NAT 概述

NAT(Network Address Translation,网络地址转换)是在 1994 年提出的,是将专用网络地址转换为公用网络地址的一种技术。通过将内部使用的多数的私用 IP 地址转换成少量的公网 IP 地址,从而节省越来越缺乏的 IP 地址(即 IPv4)。另外,通过地址转换对外隐藏内部 IP 地址,同时隐藏了内部网络结构,可以提高内部网络的安全性,减少内部网络遭受攻击的风险。

实现 NAT 功能需要在相应的路由器上安装 NAT 软件,装有 NAT 软件的路由器叫作 NAT 路由器,它至少有一个有效的公网 IP 地址。现在 NAT 功能通常被集成到路由器、防火墙等设备中,流行的网络操作系统软件也具有 NAT 功能,例如 Windows Server 2000。NAT 设备(或软件)维护一个状态表,用来把内部网络的私有 IP 地址映射到外部网络的公网 IP 地址上去。每个包在 NAT 设备(或软件)中都被翻译成正确的 IP 地址发往下一级。与普通路由器不同的是,NAT 设备实际上对包头进行修改,将内部网络的源地址变为 NAT 设备自己的外部网络地址,而普通路由器仅在将数据包转发到目的地前读取源地址和目的地址。

NAT 分为 3 种类型:静态 NAT、NAT 池和端口 NAT(NAPT)。静态 NAT 将内部网络中的每个主机都永久映射成外部网络中的某个合法的地址;而 NAT 池则是在外部网络中定义了一系列的合法地址,采用动态分配的方法映射到内部网络,端口 NAT 则是把内部地址映射到外部网络的一个 IP 地址的不同端口上。

4.2.2　NAT 工作原理

NAT 工作原理如图 4 - 3 所示。

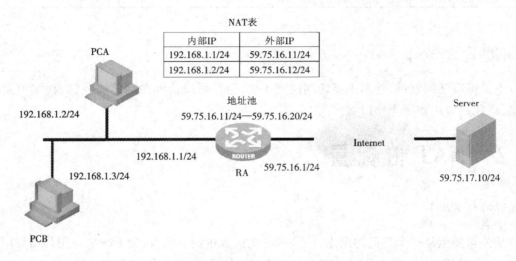

图 4 - 3　NAT 工作原理拓扑图

首先,在局域网内部的私有地址是不能访问外网的,数据包的源 IP 地址必须转换成公有地址才能在 Internet 上进行传输,如图 4 - 3 所示,公司内部网络在访问 Internet 上的服务器时,需要把 IP 地址进行转换,下面以 PCA 向服务器发送请求为例介绍 NAT 的工作原理,可以把 NAT 的工作过程分为 5 步。

(1)PCA 向外网服务器发送的请求,数据包的源地址是 192.168.1.2,目的地址为 59.75.17.10。

(2)RA 收到数据包后,查找 NAT 表,然后把源 IP 地址 192.168.1.2 转换为 59.75.16.11,然后把数据转发出去。

(3)数据经过网络传输,到达服务器,服务器对请求进行处理并作出回应,数据包的源地址为 59.75.17.10,目的地址为 59.75.16.11。

(4)数据到达路由器 RA 后,RA 查找 NAT 表,然后把目的地址 59.75.116.11 修改为 192.168.1.2,然后进行转发。

(5)数据包经过网络传输到达目的主机 PCA。

上面过程是静态 NAT 的工作过程,可以看到,NAT 路由器上面有 n 个公网 IP 地址,内网内就可以有 n 台主机同时接入外网,内外网之间是一一对应的,为了让公网 IP 地址有更好的利用率,提出 NAT 池,该方法利用所有的公网 IP 地址构成一个地址池,当有数据进行通信时,就按照一定的策略从地址池中选择一个公网 IP 地址进行转换,通信结束后,重新放入地址池中,这样如果有 10 个公网 IP 地址,同时仍然只有 10 台主机可以接入外网,为了使用较少的公网地址让更多的主机接入公网,提出了一种改进的地址转换方法——NAPT,即基于端口的地址转换。

【基本实验】

4.2.3　实验目的

（1）了解 NAT 工作原理。
（2）掌握设备作为 NAT 的常用配置命令。
（3）掌握常用 NAT 的配置方法。

4.2.4　实验内容

搭建实验环境,实现 NAT 的配置。

4.2.5　实验环境

实验环境如图 4 - 4 所示。

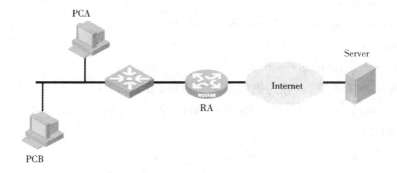

图 4 - 4　NAT 实验组网图

4.2.6　实验步骤

步骤一:网络规划

依据需求和组网图对网络进行规划,网络中 IP 地址及接口分配见表 4 - 4。

表 4 - 4　网络中 IP 地址及接口分配

设备名称	接口	IP 地址	网关
RA	G0/0	192. 168. 1. 1/24	
RA	G0/1	59. 75. 16. 1/24	
PCA		192. 168. 1. 2/24	192. 168. 1. 1/24
PCB		192. 168. 1. 3/24	192. 168. 1. 1/24
Server		59. 75. 16. 2/24	59. 75. 16. 1/24

步骤二:连接设备,测试连通性

依据组网图及上面的 IP 地址规划,连接设备,配置 IP 地址。

[RA]interface GigabitEthernet0/0

[RA – GigabitEthernet0/0]ip address 192. 168. 1. 1 24

[RA – GigabitEthernet0/0]quit

[RA]interface GigabitEthernet0/1

[RA – GigabitEthernet0/1]ip address 59. 75. 16. 1 24

对 PCA、PCB、Server 配置 IP 地址,完成后测试网络的连通性。

步骤三:配置 NAT

配置一条过滤规则,允许内网数据包通过,并进行 IP 地址转换。

[RA]acl basic 2000

[RA – acl – ipv4 – basic – 2000]rule 1 permit source 192. 168. 1. 0 0. 0. 0. 255

[RA – acl – ipv4 – basic – 2000]quit

配置 NAT 地址池,设置地址池用于转换的地址范围为 59. 75. 16. 11 到 59. 75. 16. 60,配置如下:

[RA]nat address – group 1

[RA – address – group – 1]address 59. 75. 16. 11 59. 75. 16. 60

[RA – address – group – 1]quit

[RA]interface GigabitEthernet0/1

将地址池与 ACL 关联,并在正确的方向上应用,命令如下:

[RA – GigabitEthernet0/1]nat outbound 2000 address – group 1 no – pat

步骤四:测试

PCA 与 PCB 之间的连通性测试如下:

[PCA]ping 59. 75. 16. 2

Ping 59. 75. 16. 2 (59. 75. 16. 2): 56 data bytes, press CTRL _ C to break

56 bytes from 59. 75. 16. 2: icmp _ seq = 0 ttl = 254 time = 2. 559 ms

56 bytes from 59. 75. 16. 2: icmp _ seq = 1 ttl = 254 time = 2. 169 ms

56 bytes from 59. 75. 16. 2: icmp _ seq = 2 ttl = 254 time = 2. 100 ms

56 bytes from 59. 75. 16. 2: icmp _ seq = 3 ttl = 254 time = 2. 097 ms

56 bytes from 59. 75. 16. 2: icmp _ seq = 4 ttl = 254 time = 2. 096 ms

– – – Ping statistics for 59. 75. 16. 2 – – –

5 packets transmitted, 5 packets received, 0. 0% packet loss

round – trip min/avg/max/std – dev = 2. 096/2. 204/2. 559/0. 180 ms

[PCA]% Aug 25 03:33:22:959 2015 PCA PING/6/PING _ STATISTICS: Ping statistics for 59. 75. 16. 2: 5 packets transmitted, 5 packets received, 0. 0% packet loss, round – trip min/avg/max/std – dev = 2. 096/2. 204/2. 559/0. 180 ms.

可以看到 PCA 与 PCB 之间仍然是连通的,为了便于查看转换的结果,用路由器模拟 PCB,并且在 PCB 上开启 debugging 功能(此处查看结果也可以在 PCB 上按照抓包工具,依据对抓包的分析可以看出进行了地址转换),命令如下:

< PCB > terminal monitor

< PCB > terminal debugging

< PCB > debugging ip icmp

然后在 PCA 上 ping 59.75.16.2,在 PCB 上显示的结果如下:

< PCB > * Aug 25 03:16:26:427 2015 PCB SOCKET/7/ICMP:

ICMP Input:

ICMP Packet: src = 59.75.16.14, dst = 59.75.16.2

           type = 8, code = 0 (echo)

* Aug 25 03:16:26:428 2015 PCB SOCKET/7/ICMP:

ICMP Output:

ICMP Packet: src = 59.75.16.2, dst = 59.75.16.14

           type = 0, code = 0 (echo - reply)

* Aug 25 03:16:26:619 2015 PCB SOCKET/7/ICMP:

再次在 PCA 上 ping 59.75.16.2 的结果如下:

ICMP Input:

ICMP Packet: src = 59.75.16.15, dst = 59.75.16.2

           type = 8, code = 0 (echo)

* Aug 25 03:21:41:970 2015 PCB SOCKET/7/ICMP:

ICMP Output:

ICMP Packet: src = 59.75.16.2, dst = 59.75.16.15

           type = 0, code = 0 (echo - reply)

* Aug 25 03:21:42:162 2015 PCB SOCKET/7/ICMP:

可以看到两次的源地址不同,第一次源地址是 59.75.16.14,第二次源 IP 地址是 59.75.16.15,并且源地址不是路由器出口 GigabitEthernet0/1 的 IP 地址 59.75.16.1,这是因为内部地址已经被转换。

步骤五:检查 NAT 表项

查看地址池信息,利用命令 display nat address - group,结果显示如下:

[RA] display nat address - group

NAT address group information:

    Totally 1 NAT address groups.

    Address group 1:

      Port range: 1 - 65535

      Address information:

　　　　　Start address　　　　　　End address
　　　　　59. 75. 16. 11　　　　　59. 75. 16. 60

查看统计信息,命令 display nat statistics,显示结果如下:

[RA]display nat statistics

Slot 0:

　Total session entries: 1

　Total EIM entries: 0

　Total inbound NO – PAT entries: 0

　Total outbound NO – PAT entries: 1

　Total static port block entries: 0

　Total dynamic port block entries: 0

　Active static port block entries: 0

　Active dynamic port block entries: 0

查看会话详细信息,命令为 display nat session verbose,显示结果如下:

[RA]display nat session verbose

Slot 0:

Initiator:

　Source　　　　IP/port: 192. 168. 1. 2/48896

　Destination IP/port: 59. 75. 16. 2/2048

　DS – Lite tunnel peer: –

　VPN instance/VLAN ID/VLL ID: – / – / –

　Protocol: ICMP(1)

　Inbound interface: GigabitEthernet0/0

Responder:

　Source　　　　IP/port: 59. 75. 16. 2/48896

　Destination IP/port: 59. 75. 16. 18/0

　DS – Lite tunnel peer: –

　VPN instance/VLAN ID/VLL ID: – / – / –

　Protocol: ICMP(1)

　Inbound interface: GigabitEthernet0/1

State: ICMP _ REPLY

Application: OTHER

Start time: 2015 – 08 – 25 03:33:33　　TTL: 28s

Initiator – > Responder:　　　　　　0 packets　　　　　0 bytes

Responder – > Initiator:　　　　　　0 packets　　　　　0 bytes

Total sessions found: 1

4.2.7 实验中相关命令及功能介绍

实验中相关命令及功能介绍见表 4-5。

表 4-5 命令列表

命令	描述
nat address – group group – number	配置地址池
nat outbound acl – number address – group group – number no – pat	配置地址转换
display nat session	查看 NAT 会话信息

【问题与思考】

如果现在只有一个公网 IP 地址,有 10 台计算机同时上网,该怎么设计网络呢? 用什么方法进行配置呢?

4.3 抓包工具使用

【案例描述】

某一天,你管理的网络用户突然反映网络性能急剧下降,很多网络服务不能正常提供,服务器访问速度极慢甚至不能访问,你观察发现网络交换机端口指示灯疯狂地闪烁,查看出口处路由器发现,出口路由器处于满负荷的工作状态,重启设备后很快设备又处于满负荷的工作状态。

出现了什么问题? 设备故障吗? 不可能几台设备同时出故障,作为有经验的网络管理员,你认为一定很占带宽的数据包在局域网中肆虐,耗尽了网络的资源,导致网络性能下降,那它们是什么? 怎么看到它们?

【知识背景】

网络嗅探器是一种协议分析软件,可以用于网络故障诊断、数据流量分析,也可以用于高级的软件、协议开发。数据在网络上来回传输时,嗅探器能够抓取每个协议数据单元(PDU),并对这些 PDU 进行解析和分析,从而分析网络性能、诊断故障等。常用的嗅探器有 Sniffer、Wireshark、WinNetCap 和 WinSock Expert 等,这里着重介绍 Wireshark 的使用。

Wireshark 原名 Ethereal,是一款流行的网络嗅探器,即网络数据抓包工具,它能够显示 PDU 的封装和每个字段,并解释其含义,因此对于网络工程人员来说是很有用的一款工具,并且在华为的模拟器 eNSP 和 H3C 模拟器 HCL 中的抓包工具采用的均是 Wireshark。另外思科公司认证的网络工程师大部分实验中也采用这款软件对数据进行分析和故障诊断。

对于这个软件的使用中,主要分为抓包及对抓取包的分析,抓包需要对数据包进行过滤,就是要设置过滤规则,规则设置得好,抓取的**包都**是有效的,能够大大减少分析包的工作量,因此要制定合适的过滤规则,下面介绍一些常用的过滤规则。

　　(1)要分析 WWW 服务器 www.slxy.cn 的通信情况,过滤规则可以设置为 host www.slxy.cn。

　　(2)要分析某台主机的数据情况,过滤规则设置为 host 主机 IP 地址。

　　(3)要抓取 ARP 数据包的话,过滤规则设置为 arp,如果是看某台主机发出或接收到的 ARP 包的话,规则设置为 arp host 主机 IP 地址。

　　(4)要查看某个端口的数据包的话,过滤规则为 Port 80,如果是哪种协议的某个端口的包,则过滤规则设置为:tcp port 80,如果是某台主机的某个端口传输的数据包的话,过滤规则设置为 tcp port 80 and host www.slxy.cn。

　　(5)要抓取局域网中的 ICMP 数据包的话,过滤规则设置为 icmp;要查看局域网中的以太网广播信息的话,过滤规则设置为 ether broadcast;若查看局域网中的 IP 广播数据包的话,过滤规则设置为 ip broadcast;查看以太网多播信息时,过滤规则设置为 ether multicast。

　　上面给出了一些常用的过滤规则的设置,设置一个好的过滤规则可以大大减少抓取到的数据包的数量,从而减少分析时候的工作量。因此在抓取数据包之前,根据网络故障情况作出预判(或者是抓包的目的),设置一个合理的过滤规则。

　　对抓取的数据包的分析主要是查看包的详细信息,通过这些信息诊断网络故障、分析网络性能等,需要经验的积累,这里不做过多介绍。也可以通过查看数据包信息来进一步学习 TCP 三次握手的过程,也可以了解主机通过 DHCP 服务器获取 IP 地址的工作过程,也可以查看 DNS 进行域名解析的过程等。总之通过网络抓包,不仅可以做网络诊断、性能分析,也可以加深学生对相关计算机网络理论知识的理解。

【基本实验】

4.3.1　实验目的

　　(1)了解抓包工具的作用。
　　(2)掌握抓包工具的使用。

4.3.2　实验内容

　　(1)安装抓包软件。
　　(2)能够对数据包进行简单的分析。

4.3.3　实验步骤

步骤一:安装 Wireshark
　　下载安装 Wireshark 软件,Wireshark 经过多次更新,现在最新版本是2.0.1,在这个过程中需要安装 WinPcap 软件,一般情况默认安装即可。

步骤二:启动 Wireshark

启动 Wireshark 后,界面如图 4 - 5 所示。

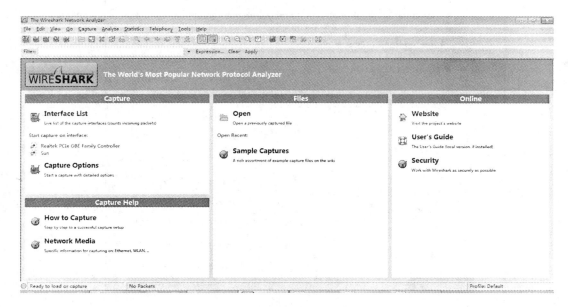

图 4 - 5　Wireshark **开始界面**

Wireshark 启动界面由以下几部分组成:菜单栏、工具栏及窗口区域,下面分别进行介绍。

菜单栏提供了所有功能的菜单,分为多个下拉菜单,这里不做过多介绍。

工具栏是为菜单中经常用到的项目功能而提供快速访问的方式,现把常用的菜单进行简单的介绍。

Fiter toolbar/过滤工具栏,提供处理当前显示过滤的方法。

Packet List 面板,显示打开文件的每个包的摘要。单击面板中的单独条目,包的其他情况将会显示在另外两个面板中。

Packet detail 面板,显示在 Packet list 面板中选择的包的详细情况。

Packet bytes 面板,显示在 Packet list 面板中选择的包的数据以及在 Packet details 面板高亮显示的字段。

窗口区域中分为 3 个区域:capture、file、online。capture 中选择你要抓包的接口及抓包的相关设置,file 是查看抓包过程保存的文件,online 可以连接到对应的网站。

在启动界面下,不能进行抓包,抓包需要进入抓包界面,选择"Capture"菜单下的"Options"选项,也可以直接单击窗口中"Capture Options"选项,打开"Options"选项对话框,对所抓的数据的相关设置如图 4 - 6 所示。

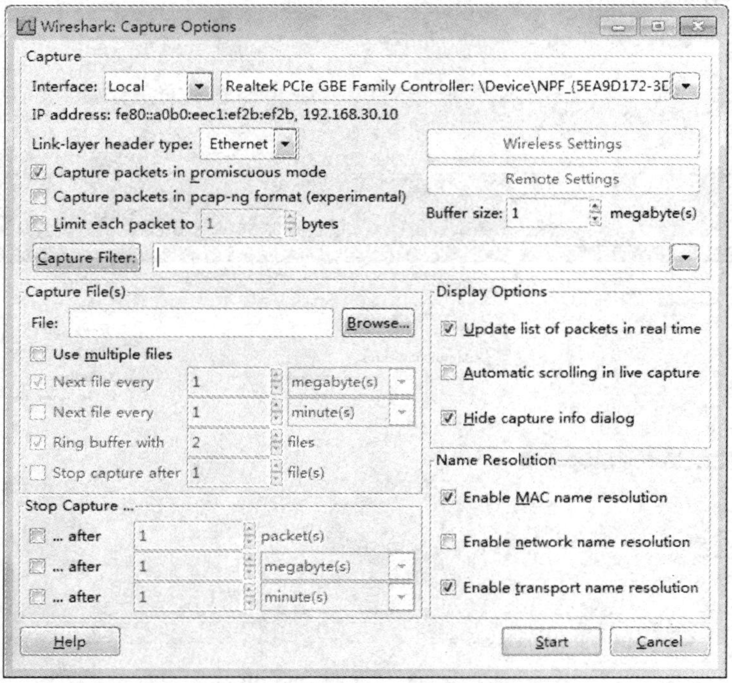

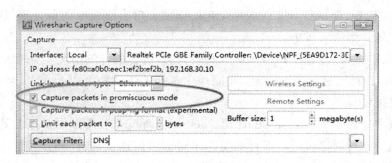

图 4 - 6　Options 界面

　　"Capture Options"对话框的设置主要包括几部分,在"Capture"选项中,设置抓取的数据包来源于哪个接口,单击下拉框进行选择,选择后会显示接口的物理地址和 IP 地址。Wireshark 要设置为混杂模式下抓取数据包,如果该项没有选择,那么只能抓取到达本接口的数据包;如果选中该选项,则能够抓获发往与该接口 IP 地址在同一网段的所有网卡上的数据包。

图 4 - 7　选择混杂模式

　　Capture Filter(s)是过滤报文,如果正在尝试分析问题,例如查看 ping 的数据报文,可以关闭所有其他使用网络的应用来减少流量。但还是可能有大批报文需要筛选,这时要用到Wireshark 过滤器。可以单击"Capture Filter(s)"按钮,弹出如图 4 - 8 所示的对话框,在该对话框中可以单击"New"按钮添加过滤规则,也可以单击"Delete"按钮删除过滤规则。

　　设置过滤也可以在对话框中输入对应过滤报文,例如,输入"dns"就会只看到 DNS 报

图 4 - 8　过滤选择

文。输入的时候,Wireshark 会帮助自动完成过滤条件,如果只查看经过本机的信息,可以输入:host 192. 168. 30. 10(选中的接口的 IP 地址为 192. 168. 30. 10),如图 4 - 9 所示。

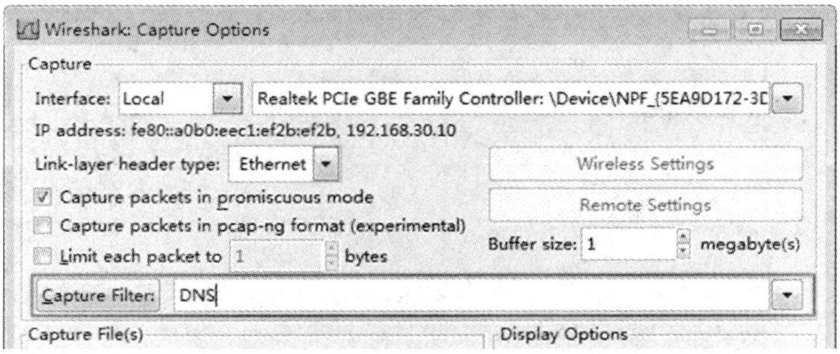

图 4 - 9　过滤选择

Capture File(s)是保存的抓包的文件,如图 4 - 10 所示。

另外还有对显示方式、停止条件的设置,例如实时更新每条记录,停止条件默认没有设定,这里多是做默认设置就可以。完成上面设置后,单击"Start"按钮,开始数据抓取过程,如图 4 - 11 所示。

在该窗口下,显示区域分为三部分,数据包列表、数据包详细信息和数据包字节信息。数据列表区域显示抓取的每个数据包的摘要信息,单机任何一跳记录,另外两个显示区域的信息就会随着改变。

数据包详细信息非常详细地显示了"数据包列表"窗口中选择的数据包的详细信息,第一个是数据分片信息,前面的加号,显示信息如图 4 - 12 所示。可以看到到达时间、时间戳、帧长度等详细信息。

同样单击以太网信息项,可以查看源 MAC 地址、目的 MAC 地址、协议类型等信息,网

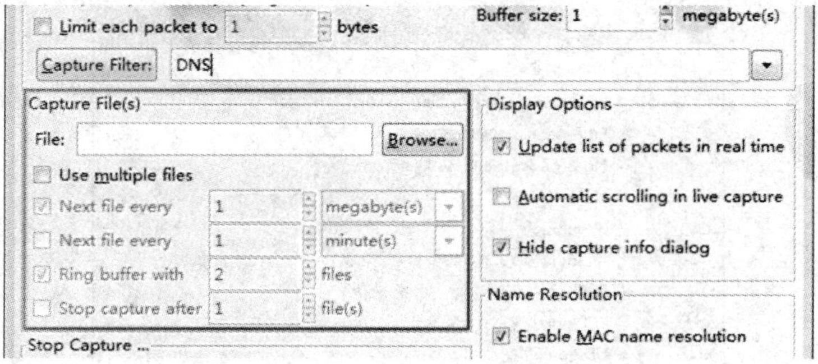

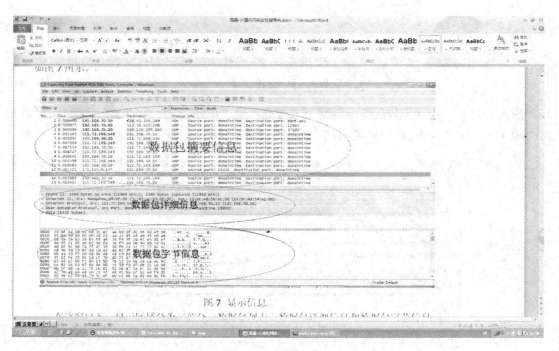

图 4 - 10　　抓取数据保存

图 4 - 11　　显示信息

络协议信息可以查看协议版本、包头长度、源 IP 地址、目的 IP 地址和协议类型等信息,应用协议信息可以查看源端口、目的端口、校验等信息;最后是数据信息,主要是数据及长度。在上面的信息中,单击任何信息,在数据包字节信息区域会显示相应的字节信息,例如在详细信息中选中数据,则在字节信息显示区域中显示该数据的字节信息,并且显示的字节信息以十六进制形式显示,如图 4 - 13 所示。

　　对抓取到的数据信息可以保存到文件中,随时都可以在 Wireshark 中打开文件进行分析,不需要再重新进行抓取,关闭数据抓取界面或者退出 Wireshark 时,系统会提示是否保存抓取的数据信息,如图 4 - 14 所示。

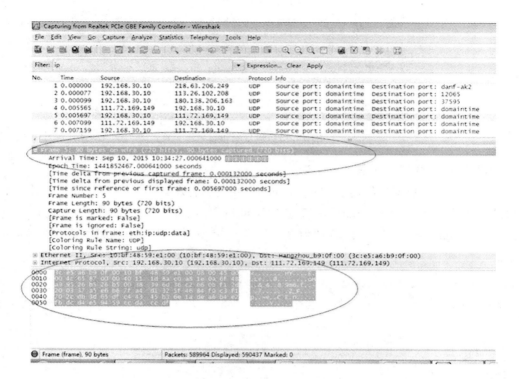

图 4 - 12 分片信息

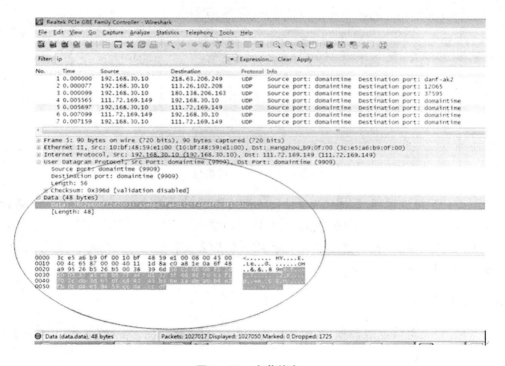

图 4 - 13 字节信息

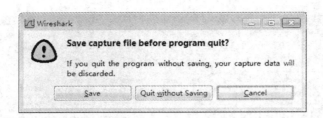

图 4 – 14　抓取数据保存

步骤三：Ping 数据包抓取

为了确定抓取数据包的类型，在"Capture Filter"中输入 host 192. 168. 30. 10（对应本机接口的 IP 地址），然后单击"Start"按钮，这时可能没有抓到数据包，那么在命令窗口中输入 Ping www. baidu. com，这时可以看到数据包摘要列表窗口下有数据包被抓获，如图 4 – 15 所示。

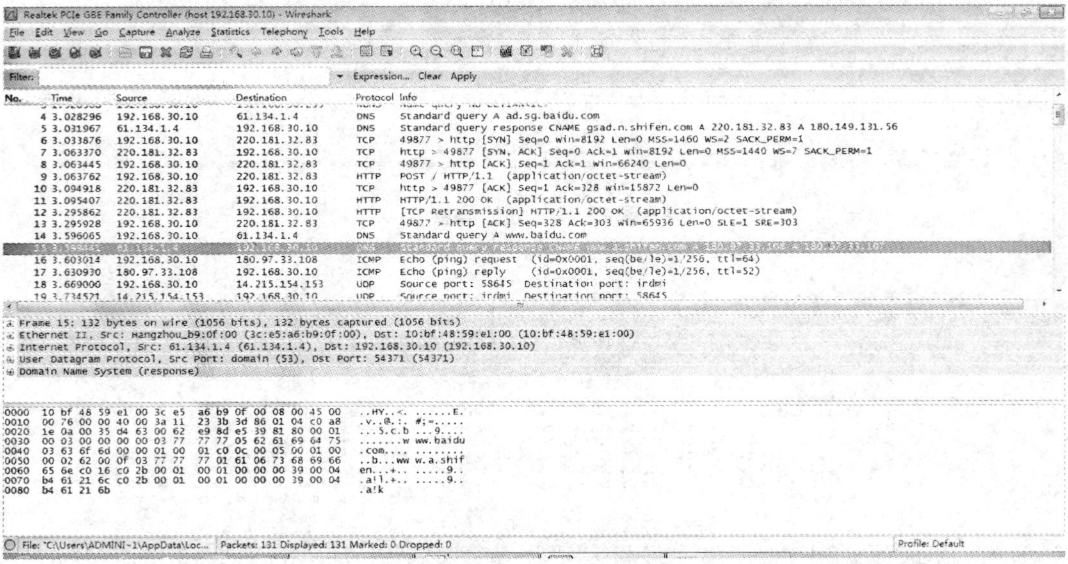

图 4 – 15　Ping 数据包

从图 4 – 15 可以看到，数据包 4、5、14、15、20、21 是对 www. baidu. com 进行域名解析，从抓取到的数据包可以看出域名解析的过程，也可以看到 TCP 建立连接的过程。数据包 16、17、28、29、32、33、34、35 是发送及返回的 ICMP 包，如果要看数据包的信息，可以单击详细信息区域，单击想要查看的信息。

【问题与思考】

用 Wireshark 可以抓取数据包，也可以查看数据包中的数据，那么能不能用来获取网络中的账户和密码呢？

5 简单无线网络

【案例描述】

　　某高校已建有现代化的计算机中心,建成了校园网络,实现了校内外信息的高度共享、传递。但校内部分教学楼和宿舍楼因建成时间较早,没有网络综合布线,制约了校园信息化建设的发展。同时越来越多的师生拥有笔记本电脑、手机,要求在校园内实现移动上网的呼声越来越高。为了满足师生需求,需要用合理的技术方案解决这个问题。

【知识背景】

5.1　WLAN 概述

　　无线局域网络(Wireless Local Area Networks,WLAN)是指应用无线通信技术将计算机设备互连起来,以无线通道作为传输媒介的计算机局域网。WLAN 是有线联网方式的重要补充和延伸,并逐渐成为计算机网络中一个至关重要的组成部分,广泛应用于需要可移动数据处理或无法进行物理传输介质布线的领域,例如在图书馆,较多学生携带电脑要求上网,有线连接布线就是个很大的问题。

　　无线局域网本质的特点是通过无线的方式连接,从而使网络的构建和终端的移动更加灵活。随着 IEEE 802.11 无线网络标准的制定与发展,无线网络技术已经逐渐成熟与完善,并已广泛应用于众多行业与场合,如金融、教育、工矿、政府机关、酒店、商场和港口等。常见的无线局域网设备主要包括无线接入点(AP)、无线路由器、无线网关、无线网桥和无线网卡等。

　　相比有线网络,WLAN 在技术上具有以下优势。

　　(1)安装简便,终端设备可在 WLAN 覆盖范围内任意放置,改变位置不受线缆的限制。

　　(2)可扩展性好,若用户量过多则增加无线接入点(AP)就可以增大容量、提高服务质量、扩大覆盖范围,不需要增加布线。

　　(3)扩频技术和加密机制,使得网络具有较强的抗干扰性和网络保密性。

5.2　WLAN 工作原理

　　1)WLAN 设备的典型组网

　　WLAN 设备组网模型——小型无线网络和大型分布式无线网络,通过两种方式的比较,掌握 WLAN 设备在小型网络组网中的应用。

　　图 5 – 1 是典型的小型无线网络,采用了最基本的无线接入设备 AP。AP 在图 5 – 1 中的作用仅仅是提供无线信号发射,网络信号通过有线网络传送到 AP,AP 将电信号转换成为无线信号发送出来,形成无线网的覆盖,根据不同的功率,AP 可实现不同范围的网络覆盖,通常 SOHO 类无线 AP 的功能简单,相当于无线 Hub,在空旷区域的覆盖距离为 100 m 以内。

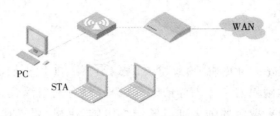

图 5 – 1　小型无线组网图

2)WLAN 网络报文发送机制

　　为了在微观上把 WLAN 的报文发送机制梳理清晰,需要与以太网的发送机制做简单的对比。IEEE 802.11 和 IEEE 802.3 协议的媒体访问控制非常相似,都是在一个共享媒体之上支持多个用户共享资源,有发送者在发送数据前先进行网络的可用性判断。但在无线系统中无法做到冲突检测,于是采用了冲突避免的报文发送机制,即 CSMA/CA。

　　有线网络 MAC 层标准协议为 CSMA/CD,而 WLAN 采用的则是 CSMA/CA(Carrier Sense Multiple Access with Collision Avoidance,载波侦听多点接入/避免冲撞)。两者工作原理相差不多,但还是有所区别的,前者具有冲突检测功能,后者却没有冲突检测功能。当网络中存在信号冲突时,CSMA/CD 可以及时检测出来并进行退避,而 CSMA/CA 是在数据发送前,通过避让机制杜绝冲突的发生。

　　对于一个 WLAN 网络中 STA 的工作机制,在实际应用中分为以下 5 个步骤。

　　(1)侦听路线:当 STA 要发送数据之前,都会侦听线路(空口)是否空闲,当检测到线路(空口)忙时,则继续侦听。

　　(2)固定帧间隔时长:当 STA 检测到线路(空口)空闲时,会继续侦听直到一个帧间隔时长(DIFS),以保障基本的空闲时间。

　　(3)启动定时器:当 STA 检测到空闲时间,达到 DIFS 时长后,会启动一个 BACK OFF 定时器,进行倒计时。该定时器的大小由竞争窗口(Contention Window,CW)决定。CW 是一个尺寸有限的随机数。

　　(4)发送与重传:STA 完成倒计时后就会发送报文,如果发送失败需要重传,STA 仍会重复上述过程,且 CW 的尺寸会随着重传次数递增。如果发送成功或达到重传次数上限,STA 会重置 CW,将 CW 的尺寸恢复到初始值。这种机制的目的是保证各个 STA 的转发机制平衡。

　　(5)其他终端状态:在 BACK OFF 计数器减到零之前,如果信道上有其他 STA 在发送数据,即本端检测到线路(空口)忙,则计数器暂停。这是如果 STA 要发送数据,仍会等待 DIFS 时长和 CW 时间,不过 CW 时间不是再随机分配,而是继续上次的计数,直至零为止。

　　说明:空口即空中接口,是指通过无线信号连接移动终端与接入点。

通过 CSMA/CA 的工作过程可以看出,CSMA/CA 与 CSMA/CD 都采用载波侦听多点接入的方式,但在处理网络中的冲突时,CSMA/CD 采用突出检测,而 CSMA/CA 采用提前避免的机制。WLAN 的 MAC 层采用 CSMA/CA 为基本协议,是由于在 WLAN 中,报文发送失败并不一定是由于冲突所致。任何相同频率的源都会对 WLAN 的信号产生干扰,导致报文发送失败,所以在 WLAN 中,很难判断空口当中是否有冲突,既然在 WLAN 网络中检测不了冲突,那么只好采用提前避免的方法。

【基本实验】

5.3　WLAN 基本配置

5.3.1　实验目的

(1)掌握 WLAN 基本工作原理。
(2)掌握如何配置 AP 使终端设备可以接入。
(3)掌握使用 PSK 认证方式对无线用户进行控制。

5.3.2　实验内容

(1)搭建实验环境。
(2)WA2210 作为 Fat AP 方式的典型应用。
(3)AP PSK 认证典型配置。

5.3.3　实验环境

实验环境如图 5-2 所示。

PCA   PCB

图 5-2　WLAN 实验组网图

5.3.4　实验步骤

任务一:组建简单无线局域网

步骤一:搭建基本连接环境

如图 5-2 所示,完成 PC、AP 连接,完成实验环境的搭建。

步骤二:WA2210 作为 Fat AP 方式的典型应用

首先需要创建无线接口,连接到 WA2210 的 Console 口,用超级终端登录到 AP,然后进入无线接口,使用如下命令:

［WA2210－AG］interface WLAN－BSS 1

退出无线接口,然后创建无线服务模板(SSID 名称为 test,是用户进行无线连接时看到的网络名称),命令如下:

［WA2210－AG－WLAN－BSS1］quit

［WA2210－AG］wlan service－template 2 clear

［WA2210－AG－wlan－st－2］authentication－method open－system

［WA2210－AG－wlan－st－2］ssid test

然后启用模板功能,命令如下:

［WA2210－AG－wlan－st－2］service－template enable

完成上面配置后,在 11g 射频卡上绑定配置好无线服务模板和无线接口,通信信道为 11,功率为 15 dBm。

［WA2210－AG－wlan－st－2］quit

［WA2210－AG］interface WLAN－Radio 1/0/1

［WA2210－AG－WLAN－Radio1/0/1］service－template 2 interface WLAN－BSS 1

［WA2210－AG－WLAN－Radio1/0/1］channel 11

［WA2210－AG－WLAN－Radio1/0/1］max－power 15

注意:在默认情况下,功率为 20 dBm(即 100 mW);信道为自动调整。

步骤三:测试

打开 client 1 上的“无线网络连接”窗口,可以搜索到 SSID 为 test 的无线连接。

任务二:创建具有认证的无线局域网

步骤一:启用 port－security

通过超级终端连接到 WA2210 的命令行后,开启 port－security 功能,使用命令如下:

［WA2210－AG］port－security enable

步骤二:配置无线接口,认证方式为 PSK

接下来同任务一配置差不多,只需要加上认证方式即可,首先创建无线接口,命令如下:

［WA2210－AG］interface WLAN－bss 2

在配置的无线端口 WLAN－BSS2 上,配置端口安全模式为 PSK,命令如下:

［WA2210－AG－WLAN－BSS2］port－security port－mode psk

在接口 WLAN－BSS2 下开启 11key 类型的密钥协商功能,命令如下:

［WA2210－AG－WLAN－BSS2］port－security tx－key－type 11key

在接口 WLAN－BSS2 下配置预共享密钥为 12345678,即认证密码,命令如下:

［WA2210－AG－WLAN－BSS2］port－security preshared－key pass－phrase 12345678

步骤三:配置无线服务模板

创建一个服务模板 3,模板的类型为 crypto,命令如下:

［WA2210－AG－WLAN－BSS2］QUIT

［WA2210 – AG］WLAN service – template 3 crypto

然后设置服务模板 3 的 SSID 为 test2,命令如下:

［WA2210 – AG – wlan – st – 3］SSID test2

接下来使能开放式系统认证,命令如下:

［WA2210 – AG – wlan – st – 3］authentication – method　open – system

开启 TKIP 加密套件,命令如下:

［WA2210 – AG – wlan – st – 3］cipher – suite tkip

配置信标和探查帧携带 WPA IE 信息,命令如下:

［WA2210 – AG – wlan – st – 3］security – ie wpa

启用服务模板 3,命令如下:

［WA2210 – AG – wlan – st – 3］service – template enable

步骤四:设置射频口和无线接口

在射频口 WLAN – Radio 1/0/1 绑定无线服务模板 3 和无线接口 WLAN – BSS 2,命令如下:

［WA2210 – AG – wlan – st – 3］quit

［WA2210 – AG］interface WLAN – Radio 1/0/1 WLAN service – template 3 crypto

［WA2210 – AG – WLAN – Radio1/0/1］WLAN service – template 3 crypto

［WA2210 – AG – WLAN – Radio1/0/1］service – template 3 interface WLAN – BSS 2

步骤五:配置 VLAN 虚接口

配置虚拟接口,并为接口配置 IP 地址,命令如下:

［WA2210 – AG – WLAN – Radio1/0/1］quit

［WA2210 – AG］interface Vlan – interface 1

［WA2210 – AG – Vlan – interface1］ip address 192. 168. 22. 50 24

步骤六:配置默认路由

为了使得连接到该 AP 的设备能够访问外网,需要配置默认路由,把下一跳地址设置为网关地址,使得网络数据包能够找到网络的出口,命令如下:

［WA2210 – AG – Vlan – interface1］ip router – static　0. 0. 0. 0 0. 0. 0. 0 192. 168. 22. 1

步骤七:验证结果

(1)在配置错误预共享密钥的情况下,使用 client 1 不能访问 Internet 上的资源。

(2)在配置正确预共享密钥的情况下, client 1 可以成功关联,并且可以正常访问 Internet 上的资源。

5.3.5　实验中相关命令及功能介绍

实验中相关命令及功能介绍见表 5 – 1。

表 5 - 1　命令列表

命令	描述
system – view	进入系统视图
quit	退出
ssid	配置服务 id
channel	配置射频的工作信道
max – power	配置射频的最大传输功率
wlan service – template	配置无线服务模板
interface WLAN – BSS	进入无线基本服务接口
interface WLAN – Radio	进入无线射频接口
port – security enable	启用端口安全功能
port – security port – mode	配置端口安全模式
port – security tx – key – type 11key	用来使能 11key 类型的密钥协商功能
port – security preshared – key	配置预共享密钥
crypto	设置当前服务模板为密文方式
cipher – suite	指定加密方式
security – ie	配置信标和探查帧携带 WPA IE 信息
ip address	配置 IP 地址
ip route – static	配置静态路由

【问题与思考】

若 AP 中配置 SSID 加密类型为 WEP 加密(密码为 12345),MAC 层认证方式为 open – system 与 MAC 层认证方式为 shared – key 之间有什么区别?

6　综合实验

6.1　交换机综合实验

某企业为满足员工工作需要及业务发展的需求,需要搭建一个内部网络,该企业的基本情况及对网络的需求如下。

(1)有 4 个部门,各部门及拥有计算机数量为行政部 20 台,财务部 8 台,生产部 20 台,销售部 20 台。

(2)该企业共有两栋楼,为了工作方便,四个部门在两栋楼上都有办公室,各部门的计算机平均分配在两栋楼中。

(3)各部门之间具有独立性和安全性,但各部门计算机之间能相互通信。

(4)规划各部门的 IP 地址(使用一个 C 类地址块),做到既不浪费 IP 地址,又有一定的盈余空间。

(5)对每台网络设备可以进行远程管理。

【基本实验】

6.1.1　实验目的

(1)掌握简单网络的规划过程。
(2)掌握多项功能的综合配置。

6.1.4　实验内容

(1)搭建实验环境。
(2)实现网络需求分析、网络规划、具体配置和测试验收。

6.1.3　实验环境

实验环境如图 6 - 1 所示。

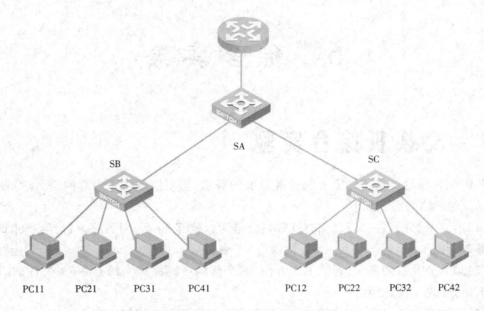

图 6 – 1　交换机综合实验组网图

6.1.4　实验步骤

步骤一:分析需求,规划 IP

为了减少网络中的广播数据,提高网络性能,采用划分 VLAN 的方法,即 4 个部门分别在 4 个 VLAN 中。为了让 4 个部门之间可以通信,采用单臂路由实现,为实现单臂路由需要划分子网,即每个部门主机属于一个子网,同时属于一个 VLAN。

假设该企业申请到的 C 类 IP 地址是 200. 168. 10. 0/24,现在需要划分为 4 个子网,满足 $2^n - 2 > = 4$ 的 n 的最小值为 3,因此需要用 3 表示子网号,因此划分子网后的子网掩码为 255. 255. 255. 224,具体各部门的划分如下。

行政部网络号:200. 168. 10. 32/27,可用 IP 范围在 200. 168. 10. 33 ~ 200. 168. 10. 62。

财务部网络号:200. 168. 10. 64/27,可用 IP 范围在 200. 168. 10. 65 ~ 200. 168. 10. 94。

生产部网络号:200. 168. 10. 96/27,可用 IP 范围在 200. 168. 10. 97 ~ 200. 168. 10. 126。

销售部网络号:200. 168. 10. 128/27,可用 IP 范围在 200. 168. 10. 129 ~ 200. 168. 10. 158。

依据上面对各部门子网的划分,对主机的 IP 地址进行规划,所有主机的子网掩码为 255. 255. 255. 224,具体 IP 地址、网关、所属 VLAN 见表 6 – 1。

表 6 – 1　主机 IP 地址分配表

主机	楼号	所属部门	IP 地址	网关	VLAN
PC11	1 号楼	行政部	200. 168. 10. 34	200. 168. 10. 33	VLAN 10

主机	楼号	所属部门	IP 地址	网关	VLAN
PC12	2 号楼	行政部	200. 168. 10. 35	200. 168. 10. 33	VLAN 10
PC21	1 号楼	财务部	200. 168. 10. 66	200. 168. 10. 65	VLAN 20
PC22	2 号楼	财务部	200. 168. 10. 67	200. 168. 10. 65	VLAN 20
PC31	1 号楼	生产部	200. 168. 10. 98	200. 168. 10. 97	VLAN 30
PC32	2 号楼	生产部	200. 168. 10. 99	200. 168. 10. 97	VLAN 30
PC41	1 号楼	销售部	200. 168. 10. 130	200. 168. 10. 129	VLAN 40
PC42	2 号楼	销售部	200. 168. 10. 131	200. 168. 10. 129	VLAN 40

各部门计算机总数为 68 台,选择两个 48 口的交换机即可,交换机 SB 放置在 1 号楼,交换机 SC 放置在 2 号楼,现对各交换机的端口规划见表 6 - 2。

表 6 - 2　交换机端口规划表

交换机	端口	VLAN
SB	Ethernet 0/1—Ethernet 0/12	VLAN 10
SC	Ethernet 0/1—Ethernet 0/12.	VLAN 10
SB	Ethernet 0/13—Ethernet 0/24	VLAN 20
SC	Ethernet 0/13—Ethernet 0/24	VLAN 20
SB	Ethernet 0/25—Ethernet 0/36	VLAN 30
SC	Ethernet 0/25—Ethernet 0/36	VLAN 30
SB	Ethernet 0/37—Ethernet 0/48	VLAN 40
SC	Ethernet 0/37—Ethernet 0/48	VLAN 40

在本实验中为了操作方便,各计算机交换机连接端口见表 6 - 3。

表 6 - 3　主机连接端口表

主机	交换机	端口	VLAN
PC11	SB	Ethernet 0/1	VLAN 10
PC12	SC	Ethernet 0/1	VLAN 10
PC21	SB	Ethernet 0/2	VLAN 20
PC22	SC	Ethernet 0/2	VLAN 20
PC31	SB	Ethernet 0/3	VLAN 30
PC32	SC	Ethernet 0/3	VLAN 30
PC41	SB	Ethernet 0/4	VLAN 40
PC42	SC	Ethernet 0/4	VLAN 40

　　为了实现对各 VLAN 之间可以进行通信,需要配置单臂路由,需要在路由器的子端口进行相应配置,需要对子端口配置相应的 IP 地址,现将子端口及 IP 地址规划见表 6-4。

表 6-4　子端口规划表

端口	IP 地址	VLAN
Ethernet 0/0.1	200.168.10.33/27	VLAN 10
Ethernet 0/0.2	200.168.10.65/27	VLAN 20
Ethernet 0/0.3	200.168.10.97/27	VLAN 30
Ethernet 0/0.4	200.168.10.129/27	VLAN 40

步骤二:配置 IP 地址

　　依据上面规划好的 IP 地址、网关对每台主机进行 IP 地址配置,这里以 PC11 为例,如图 6-2 所示,其他主机的 IP 地址及网关配置参考 PC11 完成。

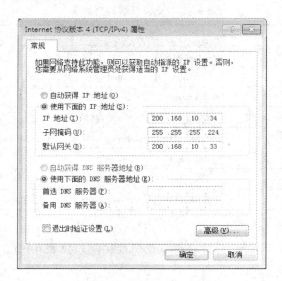

图 6-2　主机 IP 地址配置

　　完成主机 IP 地址配置后,为了使各子网(每个子网属于一个 VLAN)之间能够通信,需要对每个子网配置网关,这里通过配置路由器端口 interface Ethernet 0/0 的子端口,实现网关的配置,配置如下:

　　[RA]interface Ethernet 0/0

　　[RA - Ethernet0/0]undo shutdown

　　[RA - Ethernet0/0]inter eth0/0.1

　　[RA - Ethernet0/0.1]ip address 200.168.10.33 27

　　[RA - Ethernet0/0.1]vlan - type dot1q vid 10

　　[RA]interface Ethernet 0/0.2

　　[RA - Ethernet0/0.2]ip address 200.168.10.65 27

〔RA – Ethernet0/0. 2〕vlan – type dot1q vid 20

〔RA〕interface Ethernet 0/0. 3

〔RA – Ethernet0/0. 3〕ip address 200. 168. 10. 97 27

〔RA – Ethernet0/0. 3〕vlan – type dot1q vid 30

〔RA〕interface ethe 0/0. 4

〔RA – Ethernet0/0. 4〕ip address 200. 168. 10. 129 27

〔RA – Ethernet0/0. 4〕vlan – type dot1q vid 40

步骤三:交换机配置

交换机的配置主要包括划分 VLAN 和配置远程 Telnet 登录,下面首先进行远程登录配置,配置如下:

〔SB〕telnet server enable

〔SB〕local – user admin

New local user added.

〔SB – luser – manage – admin〕password simple 123456

〔SB – luser – manage – admin〕service – type telnet

〔SB – luser – manage – admin〕quit

〔SB〕user – interface vty 0 4

〔SB – line – vty0 – 4〕authentication – mode password

〔SB – line – vty0 – 4〕set authentication password simple 123456

〔SB – line – vty0 – 4〕user – role 13

上面配置使交换机具有了远程登录功能,还需要给交换机配置一个 IP 地址,交换机的物理端口不能配置 IP 地址,因此要对虚拟端口配置 IP 地址,配置过程如下:

〔SB〕interface Vlan – interface 1

〔SB – Vlan – interface1〕ip address 200. 168. 10. 2 24

完成上面配置后,为减少广播帧,提高网络性能,进行 VLAN 划分,这里划分 4 个 VLAN,分别是 10、20、30 和 40,分别对应交换机的 Ethernet 1/0/1、Ethernet 1/0/2、Ethernet 1/0/3 和 Ethernet 1/0/4 端口,交换机的 Ethernet 1/0/24 端口连接交换机 SA,采用 Trunk 类型,并允许所有 VLAN 通过,具体配置如下:

<H3C>system – view

〔H3C〕sysname SB

定义 4 个 VLAN,并把端口加入:

〔SB〕vlan 10

〔SB – vlan10〕port Ethernet 1/0/1

〔SB – vlan10〕quit

〔SB〕vlan 20

〔SB – vlan20〕port Ethernet 1/0/2

〔SB – vlan20〕quit

［SB］vlan 30

［SB － vlan30］port eth 1/0/3

［SB － vlan30］quit

［SB］vlan 40

［SB － vlan40］port eth 1/0/4

［SB － vlan40］quit

［SB］interface Ethernet 1/0/24

［SB － Ethernet1/0/1］port link － type trunk

［SB － Ethernet1/0/1］port trunk permit vlan all

对交换机 SC 的配置与 SB 方法相同,这里直接给出配置命令,不再介绍过程,具体配置命令如下:

［SC］telnet server enable

［SC］local － user admin

New local user added.

［SC － luser － manage － admin］password simple 123456

［SC － luser － manage － admin］service － type telnet

［SC － luser － manage － admin］quit

［SC］user － interface vty 0 4

［SC － line － vty0 － 4］set authentication password sim 123456

［SC － line － vty0 － 4］user － role 15

［SC － line － vty0 － 4］quit

［SC］interface Vlan － interface 1

［SC － Vlan － interface1］% Sep 15 23:11:39:991 2015 SC IFNET/3/PHY _ UPDOWN: Physical state on the interface Vlan － interface1 changed to up.

% Sep 15 23:11:39:994 2015 SC IFNET/5/LINK _ UPDOWN: Line protocol state on the interface Vlan － interface1 changed to up.

［SC － Vlan － interface1］ip address 200. 168. 10. 3 24

定义 4 个 VLAN,并把端口加入:

［SC］vlan 10

［SC － vlan10］port Ethernet 1/0/1

［SC － vlan10］quit

［SC］vlan 20

［SC － vlan20］port Ethernet 1/0/2

［SC － vlan20］quit

［SC］vlan 30

［SC － vlan30］port eth 1/0/3

［SC － vlan30］quit

［SC］vlan 40

［SC － vlan40］port eth 1/0/4

［SC － vlan40］quit

［SC］interface Ethernet 1/0/24

［SC － Ethernet1/0/1］port link － type trunk

［SC － Ethernet1/0/1］port trunk permit vlan all

完成上面配置后,要是主机之间可以进行通信,还需要对交换机 SA 进行配置,主要是对相应的端口设置为 Trunk 类型,同时允许所有 VLAN 通过即可,另外还要配置远程登录功能,具体配置如下:

［SA］vlan 10

［SA － vlan10］quit

［SA］vlan 20

［SA － vlan20］quit

［SA］vlan 30

［SA － vlan30］quit

［SA］vlan 40

［SA － vlan40］quit

［SA］interface Ethernet0/1

［SA － Ethernet0/1］port link － type trunk

［SA － Ethernet0/1］port trunk permit vlan all

［SA］interface Ethernet0/2

［SA － Ethernet0/2］port link － type trunk

［SA － Ethernet0/2］port trunk permit vlan all

［SA］interface Ethernet0/3

［SA － Ethernet0/3］port link － type trunk

［SA － Ethernet0/3］port trunk permit vlan all

配置远程登录功能,配置过程如下:

［SA］telnet server enable

［SA］local － user admin

New local user added.

［SA － luser － manage － admin］password simple 123456

［SA － luser － manage － admin］service － type telnet

［SA － luser － manage － admin］quit

［SA］user － interface vty 0 4

［SA － line － vty0 － 4］set authentication password sim 123456

［SA － line － vty0 － 4］user － role 15

［SA － line － vty0 － 4］quit

［SA］interface Vlan – interface 1

［SA – Vlan – interface1］% Sep 15 23：11：39：991 2015 SC IFNET/3/PHY ＿ UPDOWN：Physical state on the interface Vlan – interface1 changed to up.

% Sep 15 23：11：39：994 2015 SC IFNET/5/LINK ＿ UPDOWN：Line protocol state on the interface Vlan – interface1 changed to up.

［SA – Vlan – interface1］ip address 200. 168. 10. 1 24

到此完成了交换机的相关配置。

步骤四：查看相关配置信息

在交换机 SB 上查看 VLAN 简要信息,命令为 display vlan brief,vlan 1 的信息过多,这里把 vlan1 的信息删除,剩余 vlan 的结果如下：

［SB］display vlan brief

Brief information about all VLANs：

Supported Minimum VLAN ID：1

Supported Maximum VLAN ID：4094

Default VLAN ID：1

VLAN ID	Name	Port	
10	VLAN 0010	GE1/0/1	GE1/0/24
20	VLAN 0020	GE1/0/2	GE1/0/24
30	VLAN 0030	GE1/0/3	GE1/0/24
40	VLAN 0040	GE1/0/4	GE1/0/24

在路由器 RA 上查看端口信息,这里删除了部分无用的端口信息,只显示了与本实验有关的端口信息,命令为 display interface brief,显示结果如下：

［RA］display interface brief

Brief information on interface(s) under route mode：

Link：ADM － administratively down；Stby － standby

Protocol：(s) － spoofing

Interface	Link	Protocol	Main IP	Description
GE0/0	UP	UP	－ －	
GE0/0. 1	UP	UP	200. 168. 10. 33	
GE0/0. 2	UP	UP	200. 168. 10. 65	
GE0/0. 3	UP	UP	200. 168. 10. 97	
GE0/0. 4	UP	UP	200. 168. 10. 129	

查看其他信息请自行完成,查看相关信息是很重要的一个过程,请大家掌握查看信息的方法,并能够查询信息的结果。

步骤五：测试

在 PC11 上测试与主机 PC22 之间的连通性,测试结果如下：

［PC11］ping 200. 168. 10. 67

Ping 200. 168. 10. 67（200. 168. 10. 67）：56 data bytes, press CTRL _ C to break

56 bytes from 200. 168. 10. 67：icmp _ seq = 0 ttl = 255 time = 3. 405 ms

56 bytes from 200. 168. 10. 67：icmp _ seq = 1 ttl = 255 time = 3. 147 ms

56 bytes from 200. 168. 10. 67：icmp _ seq = 2 ttl = 255 time = 4. 037 ms

56 bytes from 200. 168. 10. 67：icmp _ seq = 3 ttl = 255 time = 3. 341 ms

56 bytes from 200. 168. 10. 67：icmp _ seq = 4 ttl = 255 time = 4. 159 ms

－ － － Ping statistics for 200. 168. 10. 67　－ － －

5 packets transmitted, 5 packets received, 0. 0% packet loss

round － trip min/avg/max/std － dev ＝ 3. 147/3. 618/4. 159/0. 403 ms

［PC11］% Sep 15 23：55：47：286 2015 PC11 PING/6/PING _ STATISTICS：Ping statistics for 200. 168. 10. 65：5 packets transmitted, 5 packets received, 0. 0% packet loss, round － trip min/avg/max/std － dev ＝ 3. 147/3. 618/4. 159/0. 403 ms.

可以看到 PC11 与 PC22 之间是连通的,同样与其他主机之间也是连通的。为了判定划分 VLAN 有没有起到作用,关闭路由器 RA 后,再进行连通性测试,结果如下：

［PC22］ping 200. 168. 10. 67

Ping 200. 168. 10. 67（200. 168. 10. 67）：56 data bytes, press CTRL _ C to break

Request time out

Request time out

Request time out

Request time out

Request time out

－ － － Ping statistics for 200. 168. 10. 67　－ － －

5 packets transmitted, 0 packets received, 100. 0% packet loss

［PC22］% Sep 15 23：51：21：942 2015 PC22 PING/6/PING _ STATISTICS：Ping statistics for 200. 168. 10. 67：5 packets transmitted, 0 packets received, 100. 0% packet loss.

由此可以看到,PC11 与 PC22 之间是不通的,同样与其他不通 VLAN 主机之间也是不通的,而与 PC12 之间是连通的,这就表明 VLAN 之间的通信是通过路由器 RA 实现的,也就是单臂路由。

测试远程登录设备的功能,首先在 PC11 上登录交换机 SA,命令为 telnet 200. 168. 10. 1,结果如下：

＜SB＞telnet 200. 168. 10. 1

Trying 200. 168. 10. 1 . . .

Press CTRL + K to abort

Connected to 200. 168. 10. 1 . . .

Password:
　< SB > % Sep 16 00:20:06:959 2015 SB SHELL/5/SHELL _ LOGIN: VTY logged in from 200. 168. 10. 1.
　< SB > sys
　[SB]
可以看到已经成功登录到交换机 SB 上面,并且可以进入系统模式进行相应的配置。

【问题与思考】

如果不划分 VLAN,需要各部门在不同的网络中,可以进行通信,那么该如何实现呢?
对设备方面有什么要求呢?

6.2　路由器综合实验

为了满足网络需要,同时减少路由器的负载,要求路由器 RA 与 RB 之间采用静态路由,RB 与 RC 之间采用动态路由协同 RIP,路由器 RC 与 RD 之间采用动态路由协同 OSPF,如图 6 – 3 所示,最终使得 PCA 与 PCB 之间是连通的,并通过远程可以对设备进行管理。

【基本实验】

6.2.1　实验目的

(1)熟悉网络规划过程。
(2)掌握静态路由、RIP、OSPF 的配置。

6.2.2　实验内容

(1)搭建实验环境。
(2)实现网络需求分析、网络规划、具体配置和测试验收。

6.2.3　实验环境

实验环境如图 6 – 3 所示。

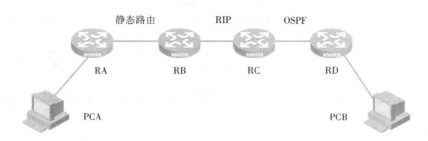

图 6 – 3　路由器综合实验组网图

6.2.4　实验步骤

步骤一：分析需求，规划 IP

从实验组网图可以看到，网络中共包括 5 个网络，这里选定 5 个网络分别为 1.1.1.0/8、1.1.2.0/8、1.1.3.0/8、1.1.4.0/8 和 1.1.5.0/8，详细的接口 IP 地址及主机 IP 地址规划见表 6 – 5。

表 6 – 5　路由器端口规划表

路由器	端口	IP 地址
RA	GigabitEthernet 0/0	1.1.1.1/8
RA	GigabitEthernet 0/1	1.1.2.1/8
RB	GigabitEthernet 0/0	1.1.2.2/8
RB	GigabitEthernet 0/1	1.1.3.1/8
RC	GigabitEthernet 0/0	1.1.3.2/8
RC	GigabitEthernet 0/1	1.1.4.1/8
RD	GigabitEthernet 0/0	1.1.4.2/8
RD	GigabitEthernet 0/1	1.1.5.1/8

主机 PCA 与路由器 RA 相连，PCB 与路由器 RD 相连，两台主机的 IP 地址及网关地址见表 6 – 6。

表 6 – 6　主机连接端口表

主机	路由器	端口	IP 地址	网关
PCA	RA	GigabitEthernet 0/0	1.1.1.2/8	1.1.1.1
PCB	RD	GigabitEthernet 0/1	1.1.5.2/8	1.1.5.1

对应静态路由的配置,首先需要对静态路由进行规划,在路由器 RA 上的静态路由信息数量有 3 条,具体规划见表 6 – 7。

表 6 – 7　路由规划

路由器	目的网络	下一跳
RA	1.1.3.0/8	1.1.2.2
RA	1.1.4.0/8	1.1.2.2
RA	1.1.5.0/8	1.1.2.2

步骤二:配置 IP 地址

依据上面规划好的 IP 地址、网关对每台主机进行 IP 地址配置,然后对路由器的相应端口配置 IP 地址,配置如下。

对路由器 RA 的接口进行 IP 地址配置,命令如下:

＜H3C＞sys

System View：return to User View with Ctrl + Z.

[H3C]sys RA

[RA]interface GigabitEthernet 0/0

[RA – GigabitEthernet0/0]ip address 1.1.1.1 8

[RA]interface GigabitEthernet 0/1

[RA – GigabitEthernet0/1]ip address 2.1.1.1 8

同样对路由器 RB、RC、RD 的接口进行 IP 地址的配置,命令如下:

＜H3C＞system – view　　　//对路由器 RB 配置

System View：return to User View with Ctrl + Z.

[H3C]sysname RB

[RB]interface GigabitEthernet 0/0

[RB – GigabitEthernet0/0]ip address 2.1.1.2 8

[RB – GigabitEthernet0/0]quit

[RB]interface GigabitEthernet 0/1

[RB – GigabitEthernet0/1]ip address 3.1.1.1 8

＜H3C＞system – view　　　//对路由器 RC 配置

System View：return to User View with Ctrl + Z.

[H3C]sysname RC

[RC]interface GigabitEthernet 0/0

[RC – GigabitEthernet0/0]ip address 3.1.1.2 8

[RC – GigabitEthernet0/0]quit

[RC]interface GigabitEthernet 0/1

[RC – GigabitEthernet0/1]ip address 4.1.1.1 8

< H3C > system − view   //对路由器 RC 配置

System View: return to User View with Ctrl + Z.

[H3C] sysname RD

[RD] interface GigabitEthernet 0/0

[RD − GigabitEthernet0/0] ip address 4. 1. 1. 2 8

[RD − GigabitEthernet0/0] quit

[RD] interface GigabitEthernet 0/1

[RD − GigabitEthernet0/1] ip address 5. 1. 1. 1 8

步骤三:路由配置

1)对路由器 RA 进行相关配置

首先对路由器 RA 进行静态路由配置,配置如下:

[RA] ip route − static 3. 1. 1. 0 255. 0. 0. 0 2. 1. 1. 2

[RA] ip route − static 4. 1. 1. 0 255. 0. 0. 0 2. 1. 1. 2

[RA] ip route − static 5. 1. 1. 0 255. 0. 0. 0 2. 1. 1. 2

对路由配置完静态路由后,可以查看 RA 的路由表,命令为 display ip routing − table,结果如下:

[RA] display ip routing − table

Destinations : 15   Routes : 15

Destination/Mask	Proto	Pre	Cost	NextHop	Interface
0. 0. 0. 0/32	Direct	0	0	127. 0. 0. 1	InLoop0
2. 0. 0. 0/8	Direct	0	0	2. 1. 1. 1	GE0/1
2. 0. 0. 0/32	Direct	0	0	2. 1. 1. 1	GE0/1
2. 1. 1. 1/32	Direct	0	0	127. 0. 0. 1	InLoop0
2. 255. 255. 255/32	Direct	0	0	2. 1. 1. 1	GE0/1
3. 0. 0. 0/8	Static	60	0	2. 1. 1. 2	GE0/1
4. 0. 0. 0/8	Static	60	0	2. 1. 1. 2	GE0/1
5. 0. 0. 0/8	Static	60	0	2. 1. 1. 2	GE0/1
127. 0. 0. 0/8	Direct	0	0	127. 0. 0. 1	InLoop0
127. 0. 0. 0/32	Direct	0	0	127. 0. 0. 1	InLoop0
127. 0. 0. 1/32	Direct	0	0	127. 0. 0. 1	InLoop0
127. 255. 255. 255/32	Direct	0	0	127. 0. 0. 1	InLoop0
224. 0. 0. 0/4	Direct	0	0	0. 0. 0. 0	NULL0
224. 0. 0. 0/24	Direct	0	0	0. 0. 0. 0	NULL0
255. 255. 255. 255/32	Direct	0	0	127. 0. 0. 1	InLoop0

完成上面的路由配置后,接下来对路由器 RA 进行远程登录配置,配置过程如下:

[RA]telnet server enable

[RA]local – user admin

New local user added.

[RA – luser – manage – admin]password simple 123456

[RA – luser – manage – admin]service – type telnet

[RA – luser – manage – admin]quit

[RA]user – interface vty 0 4

[RA – line – vty0 – 4]set authentication password simple 123456

[RA – line – vty0 – 4]us

[RA – line – vty0 – 4]user – role 15

[RA – line – vty0 – 4]authentication – mode scheme

2)对路由器 RB 进行相关配置

路由器 RB 与路由器 RC 之间是通过 RIP 协议连通的,采用 RIPv2,配置如下:

[RB]rip 1

[RB – rip – 1]version 2

[RB – rip – 1]network 2. 1. 1. 0

[RB – rip – 1]network 3. 1. 1. 0

同样配置 RB 的远登录功能如下:

[RB]telnet server enable

[RB]local – user admin

New local user added.

[RB – luser – manage – admin]password simple 123456

[RB – luser – manage – admin]service – type telnet

[RB]user – interface vty 0 4

[RB – line – vty0 – 4]authentication – mode scheme

[RB – line – vty0 – 4]set authentication password simple 123456

[RB – line – vty0 – 4]user – role 15

在路由器 RB 上完成上面配置后,查看路由信息,结果如下:

[RB]display ip routing – table

Destinations : 16   Routes : 16

Destination/Mask	Proto	Pre	Cost	NextHop	Interface
0. 0. 0. 0/32	Direct	0	0	127. 0. 0. 1	InLoop0
2. 0. 0. 0/8	Direct	0	0	2. 1. 1. 2	GE0/0
2. 0. 0. 0/32	Direct	0	0	2. 1. 1. 2	GE0/0
2. 1. 1. 2/32	Direct	0	0	127. 0. 0. 1	InLoop0
2. 255. 255. 255/32	Direct	0	0	2. 1. 1. 2	GE0/0
3. 0. 0. 0/8	Direct	0	0	3. 1. 1. 1	GE0/1

3. 0. 0. 0/32	Direct	0	0	3. 1. 1. 1	GE0/1
3. 1. 1. 1/32	Direct	0	0	127. 0. 0. 1	InLoop0
3. 255. 255. 255/32	Direct	0	0	3. 1. 1. 1	GE0/1
127. 0. 0. 0/8	Direct	0	0	127. 0. 0. 1	InLoop0
127. 0. 0. 0/32	Direct	0	0	127. 0. 0. 1	InLoop0
127. 0. 0. 1/32	Direct	0	0	127. 0. 0. 1	InLoop0
127. 255. 255. 255/32	Direct	0	0	127. 0. 0. 1	InLoop0
224. 0. 0. 0/4	Direct	0	0	0. 0. 0. 0	NULL0
224. 0. 0. 0/24	Direct	0	0	0. 0. 0. 0	NULL0
255. 255. 255. 255/32	Direct	0	0	127. 0. 0. 1	InLoop0

可以看到没有到达网络 1.1.1.0/8 的路由信息,因此需要为路由器 RB 添加一条默认路由,命令为:

[RB]ip route – static 0. 0. 0. 0 0 2. 1. 1. 1

3)对路由器 RC 的配置

路由器 RC 即采用 RIP 路由协议与 RB 进行信息交互,也采用 OSPF 路由信息协议与路由器 RD 进行路由信息交互,因此在 RC 上既要配置 RIP 协议,也要配置 OSPF 协议,配置过程如下:

[RC]rip 1　　　　　　　//RIP 配置

[RC – rip – 1]version 2

[RC – rip – 1]network 3. 1. 1. 0

[RC – rip – 1]network 4. 1. 1. 0

[RC – rip – 1]quit

[RC]interface LoopBack 0　　//OSPF 配置

[RC – LoopBack0]ip add 3. 3. 3. 3 32

[RC – LoopBack0]quit

[RC]router id 3. 3. 3. 3

[RC]ospf 1

[RC – ospf – 1]area 0

[RC – ospf – 1 – area – 0. 0. 0. 0]network 4. 1. 1. 0 0. 255. 255. 255

[RC – ospf – 1 – area – 0. 0. 0. 0]network 3. 1. 1. 0 0. 255. 255. 255

[RC – ospf – 1 – area – 0. 0. 0. 0]quit

配置完上面的路由协议后,在 RC 上查看路由信息,结果如下:

[RC]display ip routing – table

Destinations : 20　　　　Routes : 20

Destination/Mask	Proto	Pre	Cost	NextHop	Interface
0. 0. 0. 0/32	Direct	0	0	127. 0. 0. 1	InLoop0
2. 0. 0. 0/8	RIP	100	1	3. 1. 1. 1	GE0/0

3. 0. 0. 0/8	Direct	0	0	3. 1. 1. 2	GE0/0
3. 0. 0. 0/32	Direct	0	0	3. 1. 1. 2	GE0/0
3. 1. 1. 2/32	Direct	0	0	127. 0. 0. 1	InLoop0
3. 3. 3. 3/32	Direct	0	0	127. 0. 0. 1	InLoop0
3. 255. 255. 255/32	Direct	0	0	3. 1. 1. 2	GE0/0
4. 0. 0. 0/8	Direct	0	0	4. 1. 1. 1	GE0/1
4. 0. 0. 0/32	Direct	0	0	4. 1. 1. 1	GE0/1
4. 1. 1. 1/32	Direct	0	0	127. 0. 0. 1	InLoop0
4. 4. 4. 4/32	O _ INTRA 10		1	4. 1. 1. 2	GE0/1
4. 255. 255. 255/32	Direct	0	0	4. 1. 1. 1	GE0/1
5. 0. 0. 0/8	O _ INTRA 10		2	4. 1. 1. 2	GE0/1
127. 0. 0. 0/8	Direct	0	0	127. 0. 0. 1	InLoop0
127. 0. 0. 0/32	Direct	0	0	127. 0. 0. 1	InLoop0
127. 0. 0. 1/32	Direct	0	0	127. 0. 0. 1	InLoop0
127. 255. 255. 255/32	Direct	0	0	127. 0. 0. 1	InLoop0
224. 0. 0. 0/4	Direct	0	0	0. 0. 0. 0	NULL0
224. 0. 0. 0/24	Direct	0	0	0. 0. 0. 0	NULL0
255. 255. 255. 255/32	Direct	0	0	127. 0. 0. 1	InLoop0

可以看到没有到达网络 1.1.1.0/8 的路由信息,因此需要为路由器 RC 添加一条默认路由,命令为:

[RC]ip route – static 0. 0. 0. 0 0 3. 1. 1. 1

同样配置 RC 的远登录功能如下:

[RC]telnet server enable

[RC]local – user admin

New local user added.

[RC – luser – manage – admin]password simple 123456

[RC – luser – manage – admin]service – type telnet

[RC]user – interface vty 0 4

[RC – line – vty0 – 4]authentication – mode scheme

[RC – line – vty0 – 4]set authentication password simple 123456

[RC – line – vty0 – 4]user – role 15

4)对路由器 RD 的配置

[RD]interface LoopBack 0   //OSPF 配置

[RD – LoopBack0]ip add 4. 4. 4. 4 32

[RD – LoopBack0]quit

[RD]router id 4. 4. 4. 4

[RD]ospf 1

[RD – ospf – 1]area 0

[RD – ospf – 1 – area – 0. 0. 0. 0]network 4. 1. 1. 0 0. 255. 255. 255

[RD – ospf – 1 – area – 0. 0. 0. 0]network 5. 1. 1. 0 0. 255. 255. 255

[RD – ospf – 1 – area – 0. 0. 0. 0]quit

路由器 RA 采用的是静态路由,因此需要为路由器 RD 添加一条默认路由,命令为:

[RD]ip route – static 0. 0. 0. 0 0 4. 1. 1. 1

配置完上面的路由协议后,在 RD 上查看路由信息,结果如下:

[RD]display ip routing – table

Destinations : 19　　　　　Routes : 19

Destination/Mask	Proto	Pre	Cost	NextHop	Interface
0. 0. 0. 0/32	Direct	0	0	127. 0. 0. 1	InLoop0
3. 0. 0. 0/8	O _ INTRA	10	2	4. 1. 1. 1	GE0/0
3. 3. 3. 3/32	O _ INTRA	10	1	4. 1. 1. 1	GE0/0
4. 0. 0. 0/8	Direct	0	0	4. 1. 1. 2	GE0/0
4. 0. 0. 0/32	Direct	0	0	4. 1.. 1. 2	GE0/0
4. 1. 1. 2/32	Direct	0	0	127. 0. 0. 1	InLoop0
4. 4. 4. 4/32	Direct	0	0	127. 0. 0. 1	InLoop0
4. 255. 255. 255/32	Direct	0	0	4. 1. 1. 2	GE0/0
5. 0. 0. 0/8	Direct	0	0	5. 1. 1. 1	GE0/1
5. 0. 0. 0/32	Direct	0	0	5. 1. 1. 1	GE0/1
5. 1. 1. 1/32	Direct	0	0	127. 0. 0. 1	InLoop0
5. 255. 255. 255/32	Direct	0	0	5. 1. 1. 1	GE0/1
127. 0. 0. 0/8	Direct	0	0	127. 0. 0. 1	InLoop0
127. 0. 0. 0/32	Direct	0	0	127. 0. 0. 1	InLoop0
127. 0. 0. 1/32	Direct	0	0	127. 0. 0. 1	InLoop0
127. 255. 255. 255/32	Direct	0	0	127. 0. 0. 1	InLoop0
224. 0. 0. 0/4	Direct	0	0	0. 0. 0. 0	NULL0
224. 0. 0. 0/24	Direct	0	0	0. 0. 0. 0	NULL0
255. 255. 255. 255/32	Direct	0	0	127. 0. 0. 1	InLoop0

同样配置 RD 的远登录功能如下:

[RD]telnet server enable

[RD]local – user admin

New local user added.

[RD – luser – manage – admin]password simple 123456

[RD – luser – manage – admin]service – type telnet

[RD]user – interface vty 0 4

[RD – line – vty0 – 4]authentication – mode scheme

〔RD – line – vty0 – 4〕set authentication password simple 123456

〔RD – line – vty0 – 4〕user – role 15

步骤四:测试

在路由器 RA 上测试与路由器 RC 之间的连通性,测试结果如下:

〔RA〕ping 3.1.1.2

Ping 3.1.1.2 (3.1.1.2):56 data bytes, press CTRL _ C to break

56 bytes from 3.1.1.2:icmp _ seq = 0 ttl = 254 time = 2.081 ms

56 bytes from 3.1.1.2:icmp _ seq = 1 ttl = 254 time = 2.046 ms

56 bytes from 3.1.1.2:icmp _ seq = 2 ttl = 254 time = 1.804 ms

56 bytes from 3.1.1.2:icmp _ seq = 3 ttl = 254 time = 1.760 ms

56 bytes from 3.1.1.2:icmp _ seq = 4 ttl = 254 time = 1.588 ms

– – – Ping statistics for 3.1.1.2 – – –

5 packets transmitted, 5 packets received, 0.0% packet loss

round – trip min/avg/max/std – dev = 1.588/1.856/2.081/0.185 ms

〔RA〕% Sep 16 09:00:12:303 2015 RA PING/6/PING _ STATISTICS:Ping statistics for
3.1.1.2:5 packets transmitted, 5 packets received, 0.0% packet loss, round – trip min/avg/
max/std – dev = 1.588/1.856/2.081/0.185 ms.

可以看到已经成功登录到交换机 SB 上面,并且可以进入系统模式进行相应的配置。

在路由器 RD 上测试与 RA 的连通性,命令为 ping 1.1.1.1,结果如下:

〔RD〕ping 1.1.1.1

Ping 1.1.1.1 (1.1.1.1):56 data bytes, press CTRL _ C to break

56 bytes from 1.1.1.1:icmp _ seq = 0 ttl = 253 time = 3.085 ms

56 bytes from 1.1.1.1:icmp _ seq = 1 ttl = 253 time = 2.626 ms

56 bytes from 1.1.1.1:icmp _ seq = 2 ttl = 253 time = 2.998 ms

56 bytes from 1.1.1.1:icmp _ seq = 3 ttl = 253 time = 2.848 ms

56 bytes from 1.1.1.1:icmp _ seq = 4 ttl = 253 time = 2.371 ms

– – – Ping statistics for 1.1.1.1 – – –

5 packets transmitted, 5 packets received, 0.0% packet loss

round – trip min/avg/max/std – dev = 2.371/2.786/3.085/0.259 ms

〔RD〕% Sep 16 10:24:19:216 2015 RD PING/6/PING _ STATISTICS:Ping statistics for
1.1.1.1:5 packets transmitted, 5 packets received, 0.0% packet loss, round – trip min/avg/
max/std – dev = 2.371/2.786/3.085/0.259 ms.

【问题与思考】

路由器中既有 RIP 又有 OSPF,那么首先选择执行哪个呢? 如何配置路由的优先级呢?

6.3　综合实验

用户需求:某学校组建校园网络,学校有信息中心、教学楼、实验楼、办公楼和图书馆,如图6-4所示,信息中心安放网络的核心设备,其他楼的主机数量各200台,IP地址为自动分配,为了减少广播,各楼之间广播隔离;但各楼之间可以相互访问,并且各楼主机都可以上外网,学校拥有的外网IP地址范围为59.75.16.1~59.75.16.60。

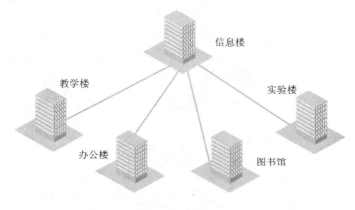

图6-4　各楼分布图

需求分析:

(1)隔离广播,采用划分VLAN实现,教学楼在VLAN10,实验楼在VLAN20,办公楼在VLAN30,图书馆在VLAN40,同时还要让多个VLAN之间可以通信,采用单臂路由实现。

(2)要求所有主机可以上外网,但IP地址数量不够,采用NAT的方式实现;另外还有一个路由功能,即校园网到ISP之间的路由。

这里的分析只考虑功能上的,对于选择什么样的设备、传输介质和性能等问题,有兴趣的同学可以查阅资料,在完成功能的基础上进一步完善,该实验不做要求。

【基本实验】

6.3.1　实验目的

(1)掌握网络规划过程。

(2)掌握多项功能的综合配置。

6.3.2　实验内容

(1)搭建实验环境。

(2)实现网络需求分析、网络规划、具体配置和测试维护。

6.3.3 实验环境

实验环境如图 6 - 5 所示。

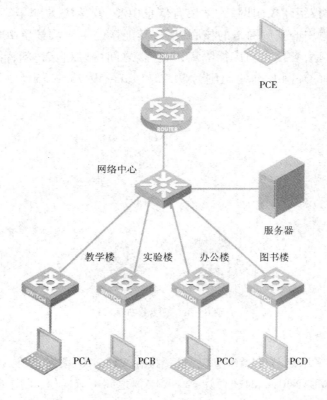

图 6 - 5   综合实验组网图

6.3.4 实验步骤

步骤一：规划 IP、搭建环境

出口路由器的端口、IP 规划见表 6 - 8。

表 6 - 8   出口路由器的端口、IP 规划

端口	IP 地址	VLAN
Ethernet 0/1	59. 75. 16. 1/24	
Ethernet 0/0. 1	192. 198. 1. 1/24	VLAN 10
Ethernet 0/0. 2	192. 198. 2. 1/24	VLAN 20
Ethernet 0/0. 3	192. 198. 3. 1/24	VLAN 30
Ethernet 0/0. 4	192. 198. 4. 1/24	VLAN 40

主机 IP 地址规划见表 6 - 9。

表6-9　主机 IP 地址规划

端口	地址	IP 地址	VLAN
PCA	教学楼	192.198.1.2/24	VLAN 10
PCB	实验楼	192.198.2.2/24	VLAN 20
PCC	办公楼	192.198.3.2/24	VLAN 30
PCD	图书馆	192.198.4.2/24	VLAN 40
Web 服务器		59.75.16.1.3/24	
FTP 服务器		59.75.16.1.4/24	
邮件服务器		59.75.16.1.5/24	
DNS 服务器		59.75.16.1.6/24	
PCE	外网	59.75.17.2/24	

交换机端口规划见表6-10。

表6-10　交换机端口规划

端口	端口类型	VLAN
Ethernet 1/0/1	Access	10
Ethernet 1/0/2	Access	20
Ethernet 1/0/3	Access	30
Ethernet 1/0/4	Access	40
Ethernet 1/0/24	Trunk	All VLAN

规划好 IP 地址后,依据规划好的 IP 地址,对各个设备进行连接,搭建实验环境。

步骤二:配置 IP 地址

依据上面规划好的 IP 地址,对内网出口路由器及因特网接入路由器的端口进行配置,配置过程如下:

[chukourouter]interface Ethernet 0/1

[chukourouter - Ethernet0/1]ip address 59.75.16.1 24

[h3c]sysname wairouter

[wairouter]interface Ethernet 0/0

[wairouter - Ethernet0/0]ip address 59.75.16.2 24

[wairouter - Ethernet0/0]quit

[wairouter]interface Ethernet 0/1

[wairouter - Ethernet0/1]ip address 59.75.17.1 24

为了减少内网中的广播帧,提高网络性能,需要在内网中配置多个 VLAN,同时为了方便信息交流,需要各个 VLAN 之间可以通信。每个 VLAN 就相当于一个局域网,因此它们之间的通信需要网关,各个网络的出口都是出口路由器的 Ethernet 0/0 接口,为了能够对每个

VLAN 提供网关,需要对该接口的子接口进行配置,同时还需要各个 VLAN 之间能够通信,这样的配置称为单臂路由。

［chukourouter］interface Ethernet 0/0

［chukourouter – Ethernet0/0］undo shutdown

［chukourouter – Ethernet0/0］inter eth0/0.1

［chukourouter – Ethernet0/0.1］ip address 192.168.1.1 24

［chukourouter – Ethernet0/0.1］vlan – type dot1q vid 10

［chukourouter］interface Ethernet 0/0.2

［chukourouter – Ethernet0/0.2］ip address 192.168.2.1 24

［chukourouter – Ethernet0/0.2］vlan – type dot1q vid 20

［chukourouter］interface Ethernet 0/0.3

［chukourouter – Ethernet0/0.3］ip address 192.168.3.1 24

［chukourouter – Ethernet0/0.3］vlan – type dot1q vid 30

［chukourouter］interface ethe 0/0.4

［chukourouter – Ethernet0/0.4］ip address 192.168.4.1 24

［chukourouter – Ethernet0/0.4］vlan – type dot1q vid 40

步骤三:交换机配置

本步骤配置主要是划分 VLAN,与步骤二中子端口的配置相结合实现单臂路由功能,实现多个 VLAN 之间的通信,注意:这里定义的 VLAN 名称要与步骤二中的对应。

＜H3C＞system – view

［H3C］sysname hxs

定义 10、20、30 和 40 共 4 个 VLAN,并分别把端口 Ethernet 1/0/1、Ethernet 1/0/2、Ethernet 1/0/3 和 Ethernet 1/0/4 加入到相应的 VLAN 中。

［hxs］vlan 10

［hxs – vlan10］port Ethernet 1/0/1

［hxs – vlan10］quit

［hxs］vlan 20

［hxs – vlan20］port Ethernet 1/0/2

［hxs – vlan20］quit

［hxs］vlan 30

［hxs – vlan30］port eth 1/0/3

［hxs – vlan30］quit

［hxs］vlan 40

［hxs – vlan40］port eth 1/0/4

［hxs – vlan40］quit

［hxs］interface Ethernet 1/0/24

［hxs – Ethernet1/0/1］port link – type trunk

［hxs－Ethernet1/0/1］port trunk permit vlan 10 20 30 40

步骤四:路由配置

该步是为了配置内网与外网之间的路由,即相互之间可以通信,在外网路由器上配置OSPF 路由协议如下:

［wairouter］interface LoopBack 0

［wairouter－LoopBack0］ip address 1. 1. 1. 1 32

［wairouter－LoopBack0］quit

［wairouter］router id 1. 1. 1. 1

［wairouter］ospf 1

［wairouter－ospf－1］area 0

［wairouter－ospf－1－area－0. 0. 0. 0］network 1. 1. 1. 1 0. 0. 0. 0

［wairouter－ospf－1－area－0. 0. 0. 0］network 59. 75. 16. 0 0. 0. 0. 255

［wairouter－ospf－1－area－0. 0. 0. 0］network 59. 75. 17. 0 0. 0. 0. 255

在内网出口路由器上配置 OSPF 路由协议,它的直连网络包括接口 Ethernet 0/0 的每个子接口的网络,具体过程如下:

［chukourouter］interface LoopBack 0

［chukourouter－LoopBack0］ip add 1. 1. 1. 1 32

［chukourouter－LoopBack0］quit

［chukourouter］ospf 1

［chukourouter－ospf－1］area 0

［chukourouter－ospf－1－area－0. 0. 0. 0］network 192. 168. 1. 0 0. 0. 0. 255

［chukourouter－ospf－1－area－0. 0. 0. 0］network 192. 168. 2. 0 0. 0. 0. 255

［chukourouter－ospf－1－area－0. 0. 0. 0］network 192. 168. 3. 0 0. 0. 0. 255

［chukourouter－ospf－1－area－0. 0. 0. 0］network 192. 168. 4. 0 0. 0. 0. 255

［chukourouter－ospf－1－area－0. 0. 0. 0］network 59. 75. 16. 0 0. 0. 0. 255

该步如果直接使用静态路由更简单,并且减少出口路由的开销,但该实验的目的是让学生进一步掌握动态路由的配置,有兴趣的同学可以自己使用静态路由及 RIP 进行配置。

步骤五:NAT 配置

该步是把内网的私有 IP 地址转换为公网的 IP 地址,即 NAT 转换,首先通过 ACL 定义允许源地址属于 192. 168. 0. 0/22 网段的数据流做 NAT 转换,配置命令如下:

［chukourouter］acl number 2000

［chukourouter－acl－basic－2000］rule 1 permit source 192. 168. 0. 0 0. 0. 3. 255

其次配置 NAT 地址池,设置用于地址转换的地址范围为 59. 75. 16. 10 到59. 75. 16. 120,配置命令如下:

［chukourouter］nat address－group 1

［chukourouter－address－group－1］address 59. 75. 16. 10 59. 75. 16. 120

最后将地址池与上面配置的 ACL 进行关联,并在端口 Ethernet0/1 的出口方向上进行

应用,命令如下:

　　[chukourouter]interface Ethernet0/1

　　[chukourouter – Ethernet0/1]nat outbound 200 address – group 1 no – pat

　　[chukourouter – Ethernet0/1]quit

　　完成上面配置后,查看配置结果,在 PCA 上 ping 主机 PCE 能 ping 通,但是我们并不知道 IP 地址有没有被转换为公网 IP 地址,为了查看地址转换信息,在外网路由器上开启 debugging 功能,开启步骤如下所示:

　　< wairouter > terminal monitor

　　< wairouter > terminal debugging

　　< wairouter > debugging ip icmp

　　上面命令的前两条是开启终端显示和 debugging 功能,第三条命令是 debugging 命令显示哪些数据包信息,例如如果显示所有 IP 数据包信息,使用 debugging ip all,这里是显示 ping 命令的数据包,因此显示 icmp 数据包。

　　然后在 PCA 上 ping 外网路由器 IP 地址 59.75.16.2 后,在外网路由器上显示的部分信息如下所示:

　　< RB > *Aug 21 13:37:04:387 2015 RB SOCKET/7/ICMP:

ICMP Input:

ICMP Packet: src = 59.75.16.17, dst = 59.75.16.2

**　　　　　　　type = 8, code = 0 (echo)**

　*Aug 21 13:37:04:387 2015 RB SOCKET/7/ICMP:

ICMP Output:

ICMP Packet: src = 59.75.16.2, dst = 59.75.16.17

　　　　　　　type = 0, code = 0 (echo – reply)

　*Aug 21 13:37:04:594 2015 RB SOCKET/7/ICMP:

ICMP Input:

ICMP Packet: src = 59.75.16.17, dst = 59.75.16.2

　　　　　　　type = 8, code = 0 (echo)

　*Aug 21 13:37:04:594 2015 RB SOCKET/7/ICMP:

ICMP Output:

ICMP Packet: src = 59.75.16.2, dst = 59.75.16.17

　　　　　　　type = 0, code = 0 (echo – reply)

　　由上面加粗部分可以看到,外网路由器收到的数据包的源地址是 59.75.16.17,不是 PCA 的 IP 地址 192.168.1.2,也不是出口路由器的出口 IP 地址 59.75.16.1,它是地址池中的一个 IP 地址,如果多次 ping 的话,到达外网路由器的源 IP 地址可能不通,但都是地址池中的 IP 地址。可见内网的私有 IP 地址已经被转换为对应的公网 IP 地址。

　　步骤六:测试

　　在 PCA 上测试与 PCB 的连通性,显示结果如下:

Ping 192. 168. 2. 2（192. 168. 2. 2）：56 data bytes，press CTRL _ C to break

56 bytes from 192. 168. 2. 2：icmp _ seq = 0 ttl = 254 time = 3. 000 ms

56 bytes from 192. 168. 2. 2：icmp _ seq = 1 ttl = 254 time = 3. 000 ms

56 bytes from 192. 168. 2. 2：icmp _ seq = 2 ttl = 254 time = 3. 000 ms

56 bytes from 192. 168. 2. 2：icmp _ seq = 3 ttl = 254 time = 3. 000 ms

56 bytes from 192. 168. 2. 2：icmp _ seq = 4 ttl = 254 time = 3. 000 ms

– – – Ping statistics for 192. 168. 2. 2 – – –

5 packets transmitted，5 packets received，0. 0% packet loss

round – trip min/avg/max/std – dev = 3. 000/3. 000/3. 000/0. 000 ms

［PCA］% Aug 21 23：18：17：235 2015 PCA PING/6/PING _ STATISTICS：Ping statistics for 192. 168. 2. 2：5 packets transmitted，5 packets received，0. 0% packet loss，round – trip min/avg/max/std – dev = 3. 000/3. 000/3. 000/0. 000 ms.

由此可以看到,PCA 与 PCB 之间是连通的,同样测试 PCA、PCB、PCC、PCD 之间都是连通的,去掉交换机与路由器的连接线,再进行测试,测试结果如下所示,发现 PCA 与 PCB 之间不通了,由此可以看出,PCA 到 PCB 的发送的数据包是经过路由器的,从路由器 f0/0 入,再从 f0/0 出,所以称之为单臂路由。

［RCA］ping 192. 168. 2. 2

Ping 192. 168. 2. 2（192. 168. 2. 2）：56 data bytes，press CTRL _ C to break

Request time out

Request time out

Request time out

Request time out

Request time out

– – – Ping statistics for 192. 168. 2. 2 – – –

5 packets transmitted，0 packets received，100. 0% packet loss

测试内网与外网之间的连通性,测试 PCA 与 PCE 之间的连通性,显示结果如下：

Ping 59. 75. 17. 2（59. 75. 17. 2）：56 data bytes，press CTRL _ C to break

56 bytes from 59. 75. 17. 2：icmp _ seq = 0 ttl = 254 time = 3. 000 ms

56 bytes from 59. 75. 17. 2：icmp _ seq = 1 ttl = 254 time = 3. 000 ms

56 bytes from 59. 75. 17. 2：icmp _ seq = 2 ttl = 254 time = 3. 000 ms

56 bytes from 59. 75. 17. 2：icmp _ seq = 3 ttl = 254 time = 3. 000 ms

56 bytes from 59. 75. 17. 2：icmp _ seq = 4 ttl = 254 time = 3. 000 ms

– – – Ping statistics for 59. 75. 17. 2 – – –

5 packets transmitted，5 packets received，0. 0% packet loss

　　到此为止,完成了该实验要求的全部功能:VLAN 配置、单臂路由配置、动态路由配置和 NAT 转换功能。

【问题与思考】

　　地址池中的 IP 地址数量为 10,那么有 11 个人连接网络,在实验中进行验证,都能连接成功吗? 如果不成功,请查阅资料,确定用什么方法解决。

附 录 H3C 模拟器 HCL 介绍

H3C cloud lab 是 H3C 公司开发的一款模拟器软件,现在最新的版本是 7.1.59,在实体设备不方便使用的情况下,可以使用这个模拟器模拟真实设备完成相应的实验,下面对 HCL 的使用做一些介绍。

1. 下载和安装

该软件的下载可以在 H3C 的官网上下载,这里提供一个下载地址 http://www.h3c.com.cn/Service/Software_Download/Other_Product/H3C_Cloud_Lab/HCL/HCL/201410/842486_30005_0.htm,下载后进行安装,由于本模拟器需要用到 Oracle VM VirtualBox 和 Wireshark 两个软件,因此在安装的过程中要选中,对于 Oracle VM VirtualBox 安装的路径最好选择默认路径,否则容易出错,Wireshark 的安装也可以是默认安装。

2. HCL 界面介绍

打开 HCL 模拟器软件,界面及界面各功能区域介绍如图 1 所示。

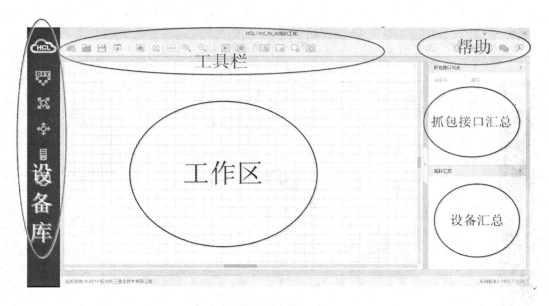

图 1 HCL 界面

HCL 中以工程单位对实验项目的管理,可以通过工具栏中的新建、打开、保存和导出 4 个操作,实现对工程的管理。在实验设备连接上,可以通过显示设备接口命令显示所有设备的接口信息,在实验开始时可以一次开启所有设备,也可以在保存时一次关闭所有设备。还提供了一些辅助工具,例如放大、缩小、添加文本等。

设备库主要包括 DIY、路由器、交换机、设备终端和连线,DIY 可由用户自定义一个设备,可以依据需要定义端口类型、端口数量等。交换机和路由器都只提供了一种,终端设备实际是一个虚拟的网卡,可以在安装本软件的主机的网络管理中进行相应的设置,如图 2 中 VirtualBox Host – Only Network 的虚拟网卡,对设备终端的设置,可以通过这里进行设置,例如 IP 地址、网关、DNS 等。

拓扑汇总区域是把该工程中加入的设备列出来,通过设备列表可以看到该工程包括的设备及设备有连线的接口情况,也可以看到设备处于运行状态还是关闭状态,红色表示设备是关闭的,绿色表示设备为运行状态,如图 3 所示。

抓包接口区域是当选择抓包的时候显示抓取数据包的接口信息。帮助区域主要提供了语种的选择,包括汉语和英语两种。还有一个就是对于设备配置命令的帮助,提供了在线帮助,通过网页可以浏览 H3C 的命令集合。

图 2　终端配置

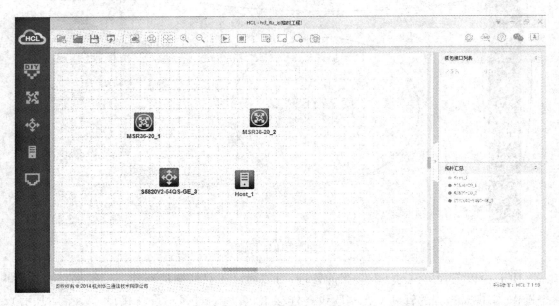

图 3　设备列表

3. 工程操作

单击"新建工程"工具按钮,可以打开如图 4 所示对话框,输入工程名称及选择工程路径,单击"确认"按钮即可新建一个工程。

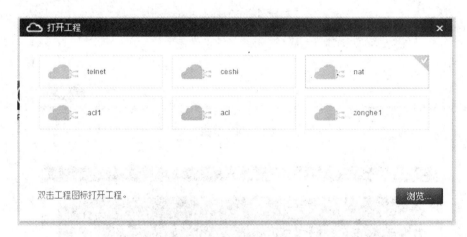

图 4　新建工程

　　单击"打开工程"工具按钮,可以打开如图 5 所示对话框,再选择已经创建的工程,双击鼠标左键打开对应的工程。

图 5　打开工程

4. 自定义设备

　　用户自定义(Do It Yourself,DIY)设备类型,首次单击 DIY 图标,进入如图 6 所示的设备编辑界面。创建 DIY 设备类型步骤如下。

　　(1)在设备类型操作区输入设备类型名。

　　(2)从接口选择区选择接口类型添加到接口编辑区。单击选择接口类型,进入连续添加模式,右击接口编辑区任意位置可以退出连续添加模式;拖曳选择接口类型,进入单次添加模式。右击接口编辑区中的接口可删除该接口。

　　(3)接口添加完成后单击"保存"按钮,设备类型将被添加到设备类型列表区。

　　按照上面步骤定义好设备后,单击"保存"按钮,所定义的设备名称被添加到下面的自定义列表区,单击"加载"按钮加载设备类型列表区中选中的设备类型,并将该设备的接口显示到接口编辑区;单击"删除"按钮删除选中的 DIY 设备类型,如图 7 所示。

　　定义完设备后,单击 DIY 图标,显示如图 8 所示的界面,可以选择已经定义好的设备,也可以再定义自己需要的设备。

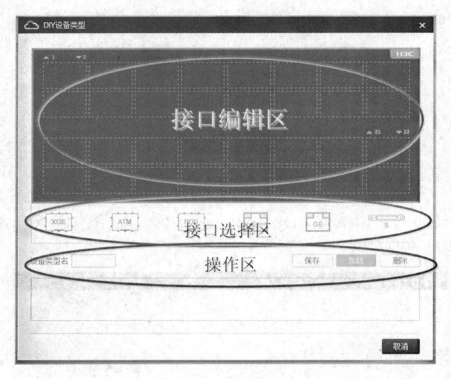

图 6　DIY 编辑

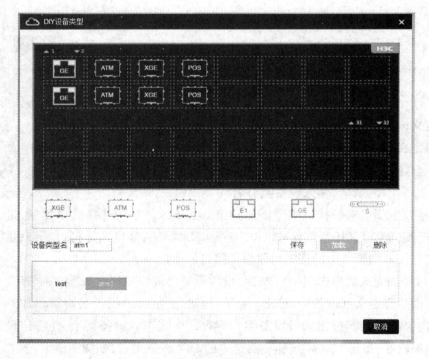

图 7　自定义设备

图 8 添加自定义设备

5. 添加设备

HCL 目前支持模拟 MSR36－20 型号路由器和 S5820V2－54QS－GE 型号交换机,添加方式基本相同,在设备库区域选中设备后,在工作台上单击,每单击一次添加一个设备,若要撤出添加设备,则需要右键点击一下,就取消了设备添加。终端设备列表中有本地主机和运行在远端主机上的网络两种,本地主机即 HCL 软件运行的宿主机,在工作台添加本地主机后便将宿主机虚拟化成一台虚拟网络中的主机设备,工作台中的主机网卡与宿主机的真实网卡相同,通过将主机网卡和虚拟设备的接口进行连接,实现宿主机与虚拟网络的通信。

6. 连线

单击连线图标,进入如图 9 所示的连线选择界面,有多种连线类型供选择。也可以通过在设备上右击,然后在弹出对话框中选择"连线"选项,然后在设备上单击,会弹出端口列表,其中绿色的表示该端口已经有连线,红色的表示没有连线,选中端口后在另外一个要连接的设备上同样单击,选择端口,这样会自动选择连线进行连接,如图 10、图 11 所示。

6. 抓包

在连接两个设备的连线上单击,会弹出如图 12 所示的对话框,然后选择"开始抓包"选项,开启抓包功能,同时右侧抓包接口区域也会显示对应的接口。

7. 终端设备

在网络组建过程中需要用到主机,HCL 中提供的 Host 相当于是一个网卡(虚拟的),默认情况下只有一块网卡,虽然可以添加多个 host,默认情况下绑定的网卡相同,如图 13 所示,都是 VirtualBox Host－Only Network,如果需要用多台主机,可以通过添加虚拟网卡实现,过程如下。

(1)启动 Orcale VM Virtual box,界面如图 14 所示。

(2)选择"管理"→"全局设定",打开 Virtualbox 设置界面,如图 15 所示,在左侧选项栏中选择"网络"选项,如图 16 所示,单击"仅主机(Host－Only)网络(H):"区域右侧的加号,添加虚拟网卡,完成后如图 17 所示,这里又添加了两块虚拟网卡。

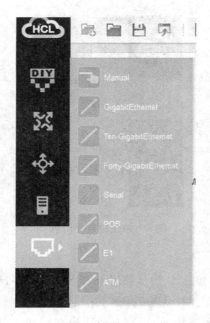

图 9 连线(1)

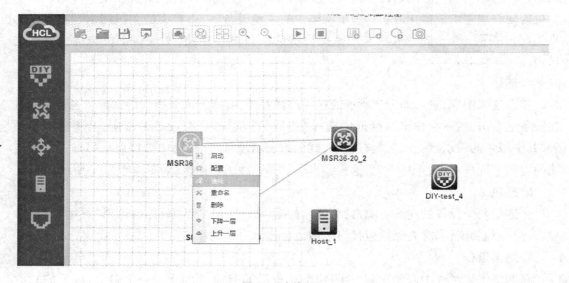

图 10 连线(2)

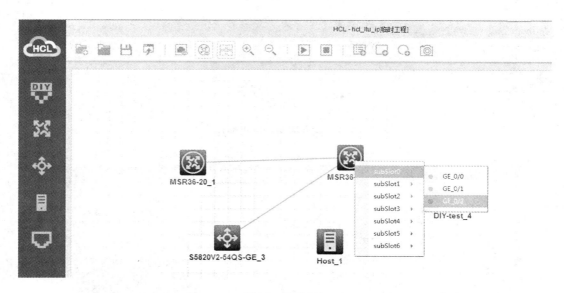

图 11　连线(3)

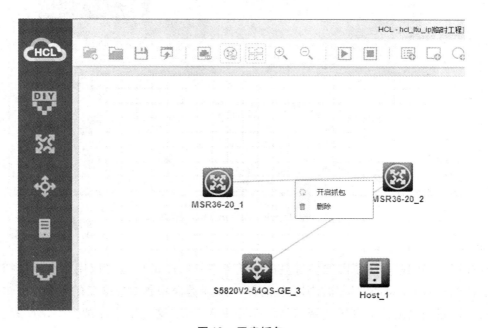

图 12　开启抓包

（3）添加完成后，这时再打开计算机的"网络连接"，如图 18 所示，可以看到多出了两个网络连接，分别是 VirtualBox Host – Only Network #2 和 VirtualBox Host – Only Network #3。

（4）接下来在 HCL 中添加 3 台 Host 分别为 Host1、Host2 和 Host3，然后将 Host 与交换机相连，如图 19 所示，这时单击 Host 进行连线时，有多个网卡可以选择，3 台 Host 选择 3 个不通的接口。

（5）然后在计算机的"网络连接"中对 3 个网卡分别设置相应的 IP 地址及网关等，如图

图 13   默认安装后网卡情况

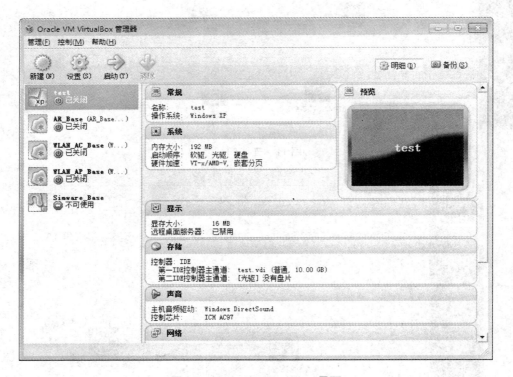

图 14   Orcale VM Virtualbox 界面

20 所示。

经过以上步骤就实现了添加多台主机的任务,另外,HCL 中也可以用路由器模拟主机功能。添加一台路由器模拟主机,则主机的 IP 地址就是路由器对应端口的 IP 地址,主机的网关可以通过在路由器上设置一条默认静态路由来实现,这里不再详细介绍,有兴趣的同学可以尝试。

8. 启动设备

设备添加后默认是关闭的,开启设备,如图 21 所示,在对应设备上右击,选择"启动"可以开启设备。对设备进行相应的配置,在相应设备上右击,选择"启动命令行终端",如图 22 所示。

图 15　"Virtualbox – 设置"对话框

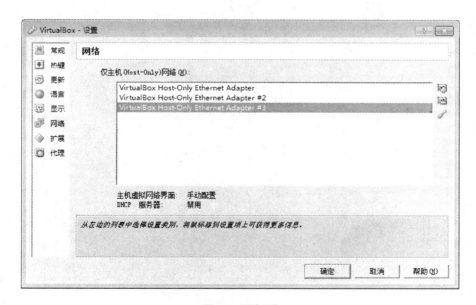

图 16　添加后

图 17 添加后的网络连接

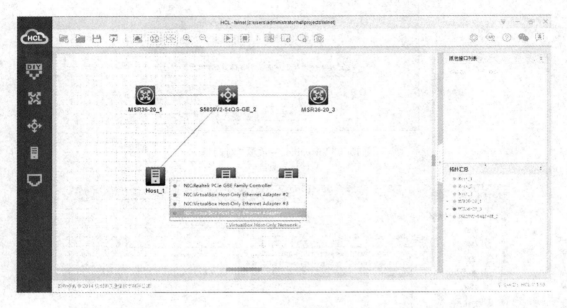

图 18 Host 连线

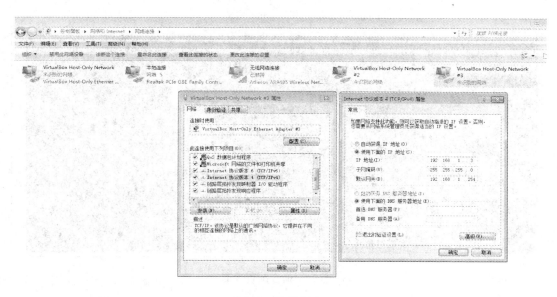

图 19 设置网卡

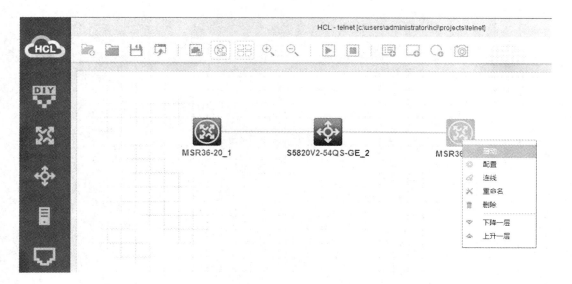

图 20 开启设备

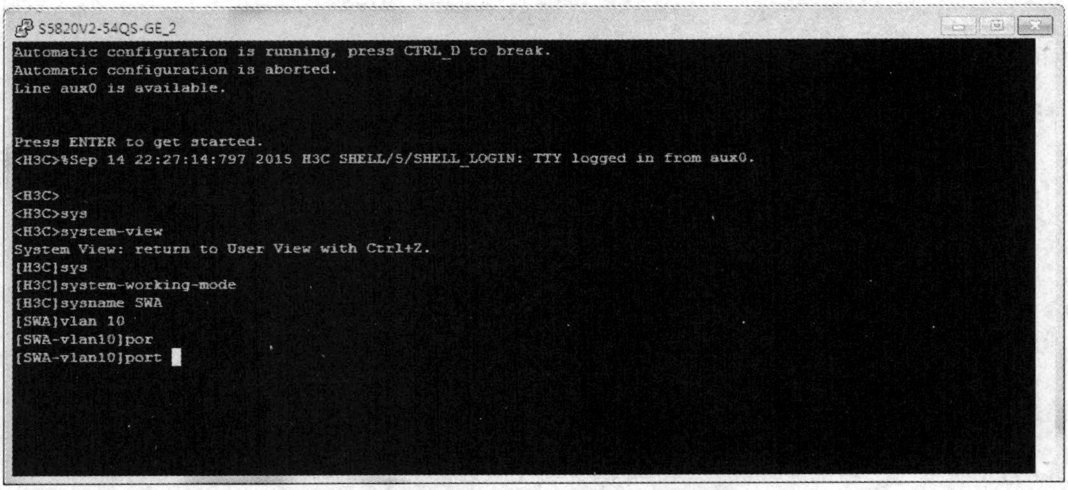
S5820V2-54QS-GE_2
Automatic configuration is running, press CTRL_D to break.
Automatic configuration is aborted.
Line aux0 is available.
Press ENTER to get started.
<H3C>%Sep 14 22:27:14:797 2015 H3C SHELL/5/SHELL_LOGIN: TTY logged in from aux0.
<H3C>
<H3C>sys
<H3C>system-view
System View: return to User View with Ctrl+Z.
[H3C]sys
[H3C]system-working-mode
[H3C]sysname SWA
[SWA]vlan 10
[SWA-vlan10]por
[SWA-vlan10]port

图 21　命令配置界面

参 考 文 献

[1]谢希仁.计算机网络.6 版.北京:电子工业出版社,2014.

[2]郭雅.计算机网络实验指导书.北京:电子工业出版社,2014.

[3]杭州华三通信技术有限公司. H3C 以太网交换机典型配置指导.北京:清华大学出版社,2012.

[4]杭州华三通信技术有限公司. H3C 路由器典型配置指导.北京:清华大学出版社,2013.

[5]李成忠.计算机网络应用与实验教程.2 版.北京:电子工业出版社,2007.

[6]张建忠,徐敬东.计算机网络实验指导书.2 版.北京:清华大学出版社,2012.

[7]EMAD ABOELELA.计算机网络实验教程.潘耘,译.北京:机械工业出版社,2013.

[8]王盛邦.计算机网络实验教程.北京:清华大学出版社,2012.

[9]肖明.计算机网络实验教程.北京:清华大学出版社,2014.